Theodor Raetz

Geometrie und deren Anwendung

auf das technische Gewerbe für Künstler und Handwerker

Theodor Raetz

Geometrie und deren Anwendung
auf das technische Gewerbe für Künstler und Handwerker

ISBN/EAN: 9783742813077

Hergestellt in Europa, USA, Kanada, Australien, Japan

Cover: Foto ©Thomas Meinert / pixelio.de

Manufactured and distributed by brebook publishing software
(www.brebook.com)

Theodor Raetz

Geometrie und deren Anwendung

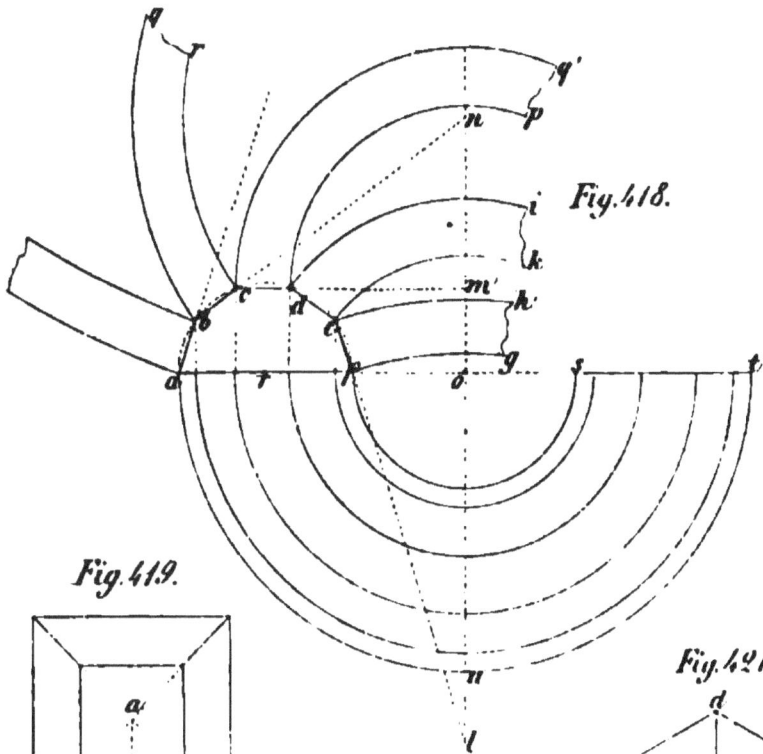

Fig. 418.

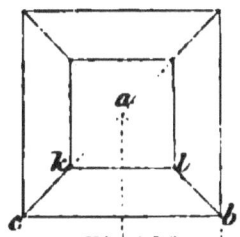

Fig. 419.

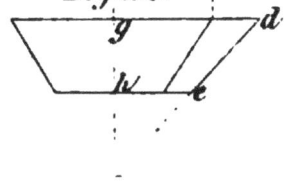

Fig. 420.

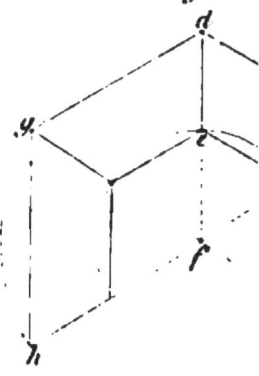

Fig. 421.

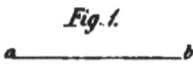

Fig. 1.

a ———————— b

Fig. 2.

Fig. 3.

Fig. 4.

Fig. 5.

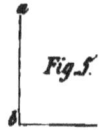

Fig. 10.

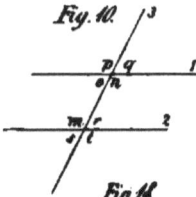

Fig. 11.

Umkreis
Sehne
Durchmesser
Secante
Radius
Tangente

Fig. 12.

Halbkreis.
Viertelkreis *Sectant*

Fig. 13.

Fig. 14.

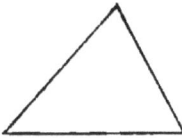

Fig. 19.

Fig. 20.

Fig. 21.

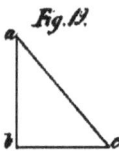
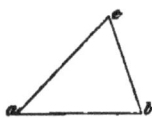

Fig. 26.

Fig. 27.

Fig. 28.

Fig. 29.

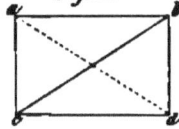

Fig. 34.

A *C*
B

Fig. 35.

D *P*
F

Fig. 36.

G *K*
H

Fig. 37.

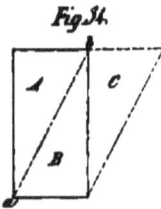
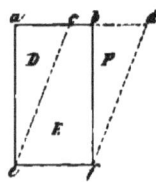
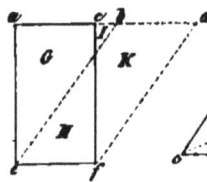
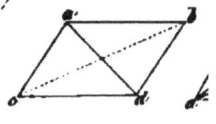

Fig. 42.

Fig. 43.

Fig. 44.

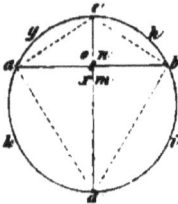
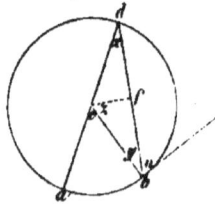
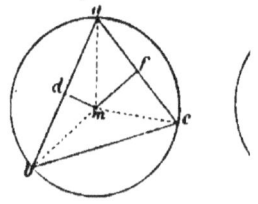

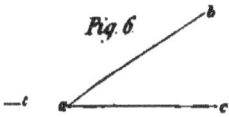

Fig. 6.

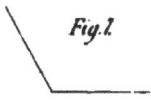

Fig. 7.

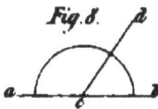

Fig. 8.

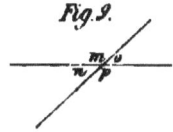

Fig. 9.

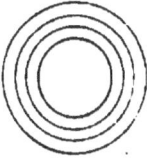

Fig. 14.

Fig. 15.

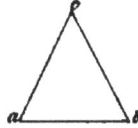

Fig. 16.

Fig. 17.

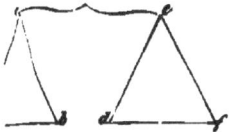

Fig. 22.

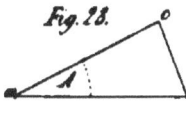

Fig. 23.

Fig. 24.

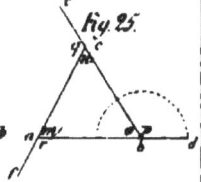

Fig. 25.

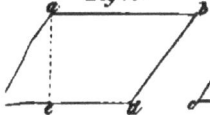

Fig. 30.

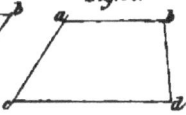

Fig. 31.

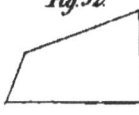

Fig. 32.

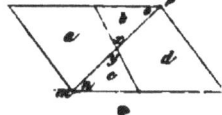

Fig. 33.

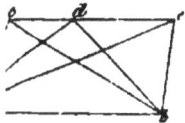

Fig. 38.

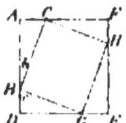

Fig. 39.

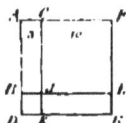

Fig. 40.

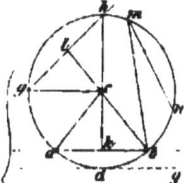

Fig. 41.

Fig. 45.

Fig. 46.

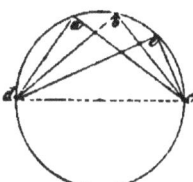

Fig. 47.

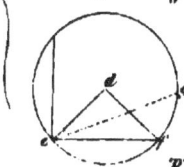

R.

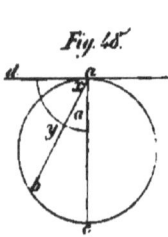
Fig. 48.

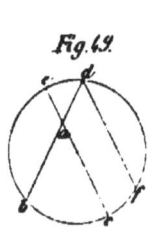
Fig. 49.

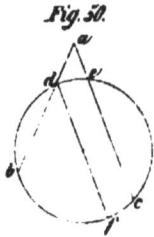
Fig. 50.

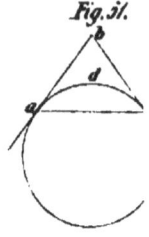
Fig. 51.

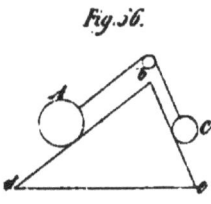
Fig. 56.

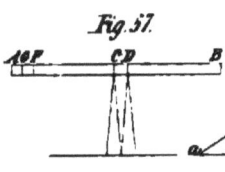
Fig. 57.

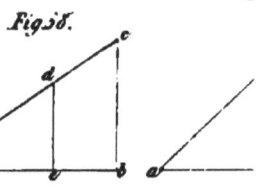
Fig. 58.

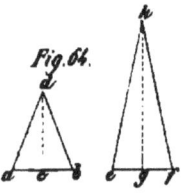
Fig. 64.

Fig. 65.

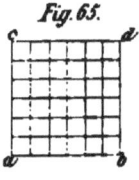
Fig. 66.

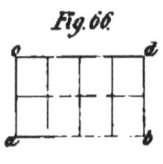
Fig. 67.

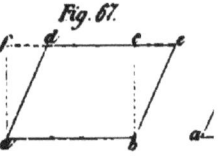

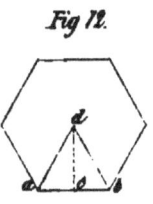
Fig. 72.

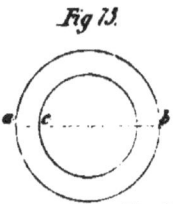
Fig. 73.

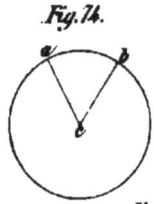
Fig. 74.

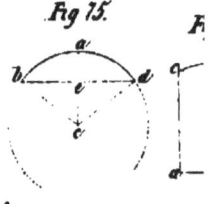
Fig. 75.

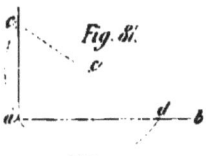
Fig. 81.

Fig. 82.

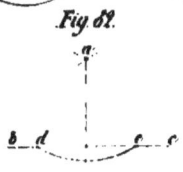
Fig. 83.

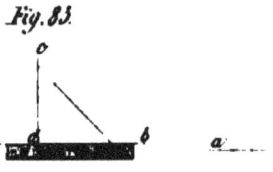

Fig. 86.

Fig. 87.

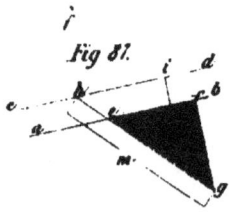
Fig. 88.

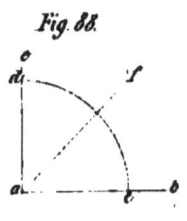

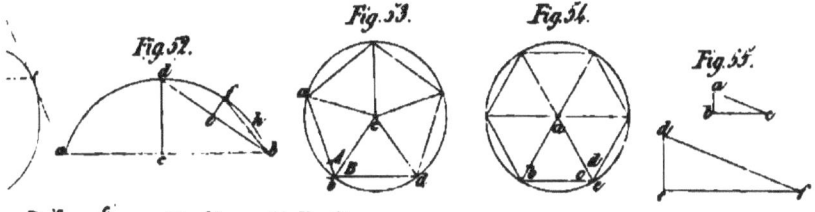

Fig.52. Fig.53. Fig.54. Fig.55.

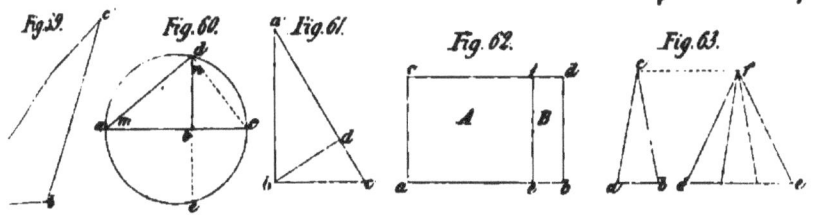

Fig.59. Fig.60. Fig.61. Fig.62. Fig.63.

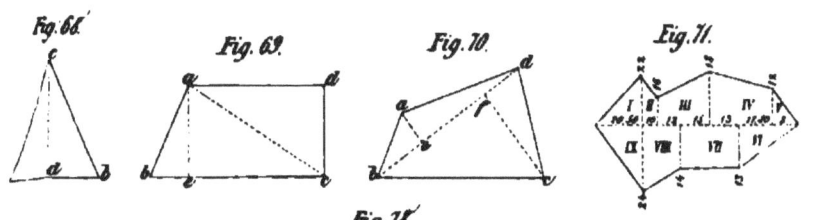

Fig.66. Fig.69. Fig.70. Fig.71.

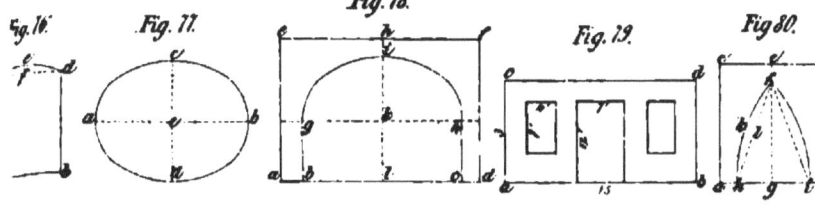

Fig.76. Fig.77. Fig.78. Fig.79. Fig.80.

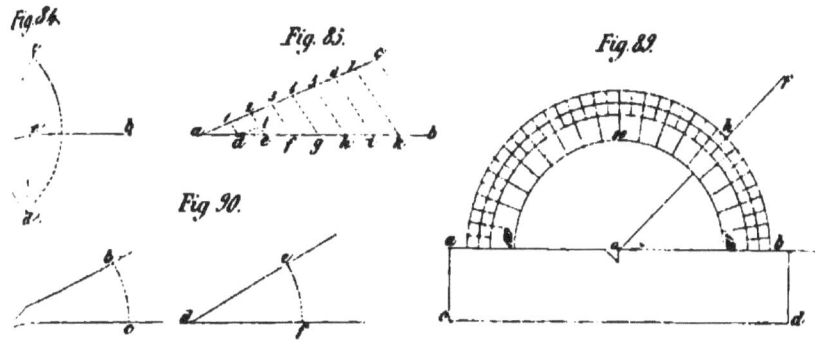

Fig.84. Fig.85. Fig.89.

Fig.90.

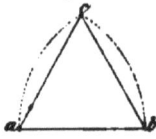

Fig. 91.

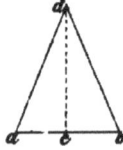

Fig. 92.

Fig. 93.

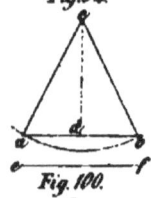

Fig. 94.

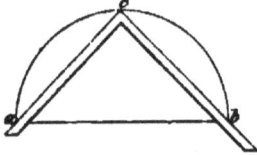

Fig. 98.

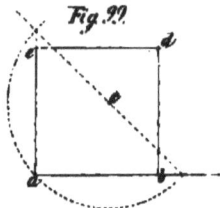

Fig. 99.

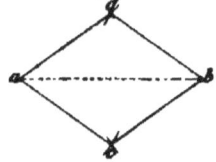

Fig. 100.

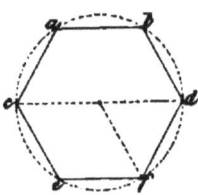

Fig. 104.

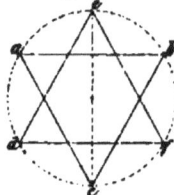

Fig. 105.

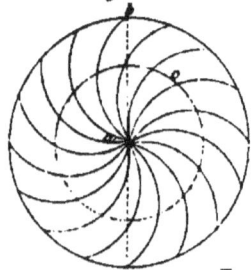

Fig. 106.

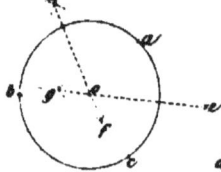

Fig. 110.

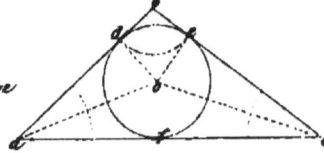

Fig. 111.

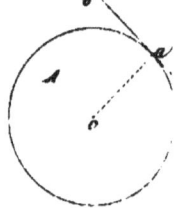

Fig. 112.

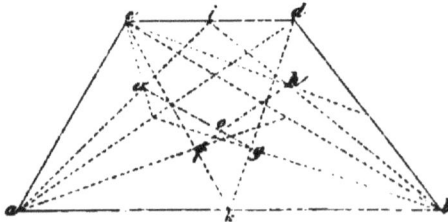

Fig. 116.

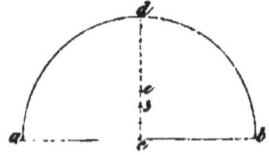

Fig. 117.

Fig. 95.

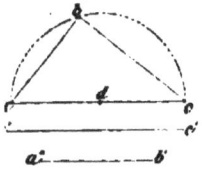

Fig. 96.

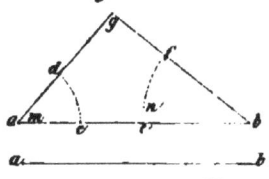

Fig. 97.

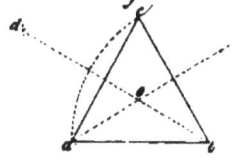

Fig. 101.

Fig. 102.

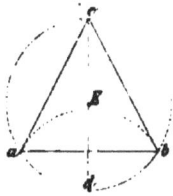

Fig. 103.

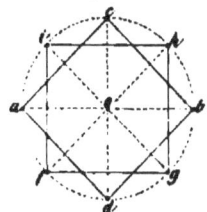

Fig. 107.

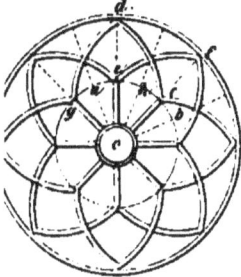

Fig. 108.

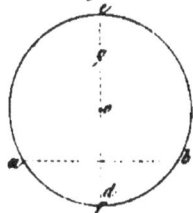

Fig. 109.

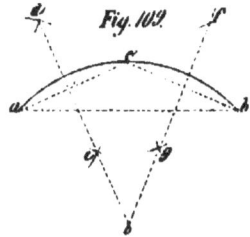

Fig. 113.

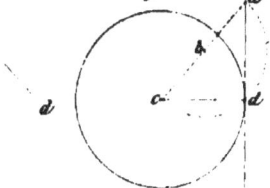

Fig. 114.

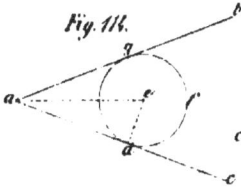

Fig. 115.

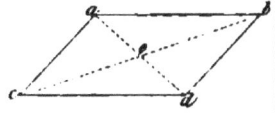

Fig. 118.

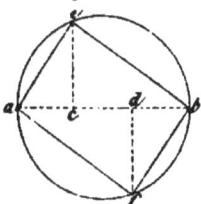

Fig. 119.

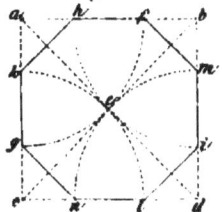

Fig. 120.

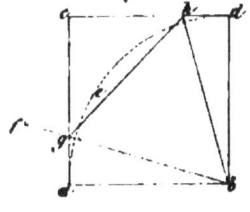

R.

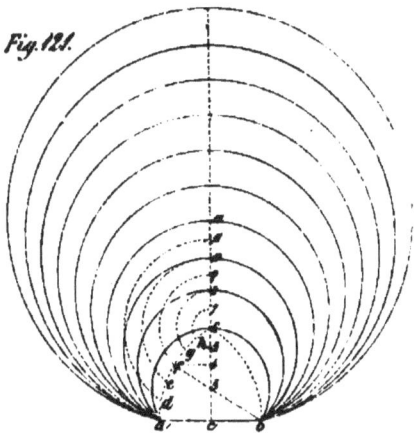

Fig. 121.

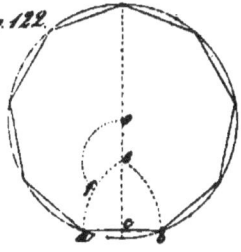

Fig. 122.

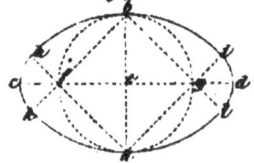

Fig. 126.

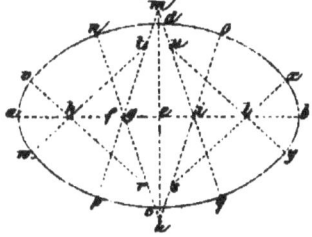

Fig. 129.

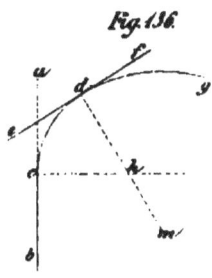

Fig. 130.

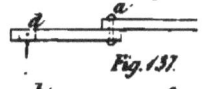

Fig. 13

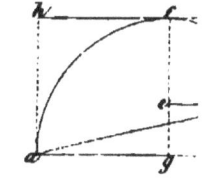

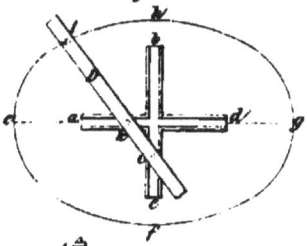

Fig. 132.

Fig. 136.

Fig. 137.

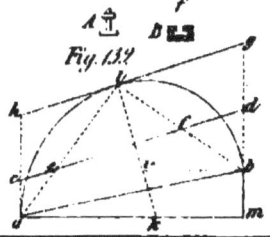

Fig. 134.

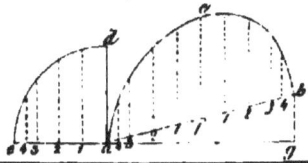

Fig. 140.

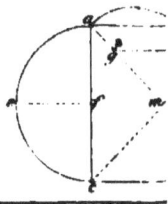

Fig. 14.

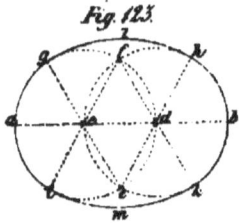

Fig. 123.

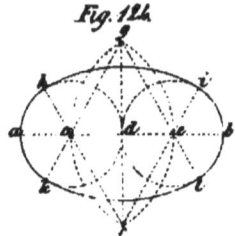

Fig. 124.

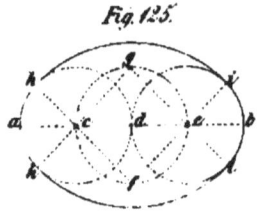

Fig. 125.

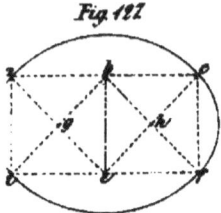

Fig. 127.

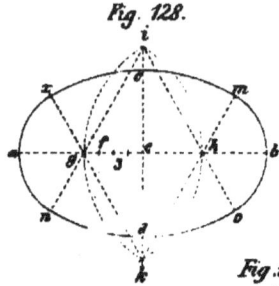

Fig. 128.

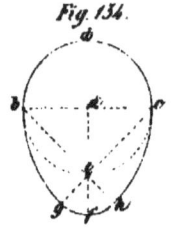

Fig. 134.

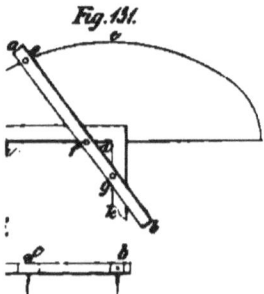

Fig. 131.

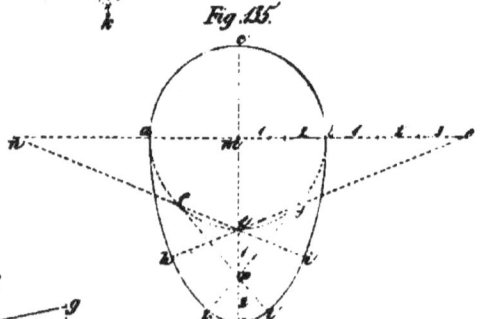

Fig. 135.

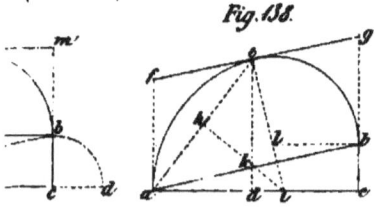

Fig. 138.

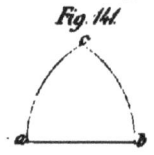

Fig. 141.

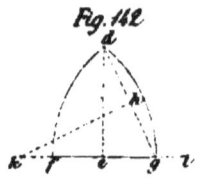

Fig. 142.

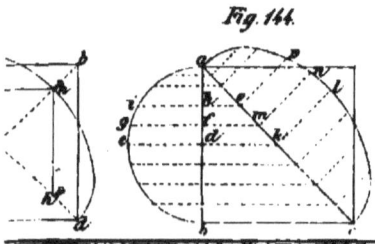

Fig. 144.

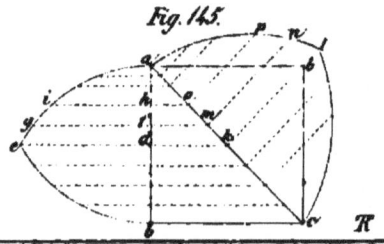

Fig. 145.

R

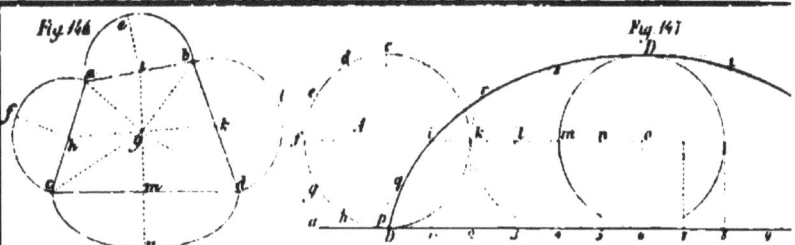

Fig. 146.

Fig. 147.

Fig. 151.

Fig. 152.

Fig. 153.

Fig. 154.

Fig. 155.

Fig. 160.

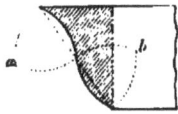

Fig. 161.

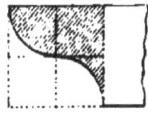

Fig. 162.

Fig. 163.

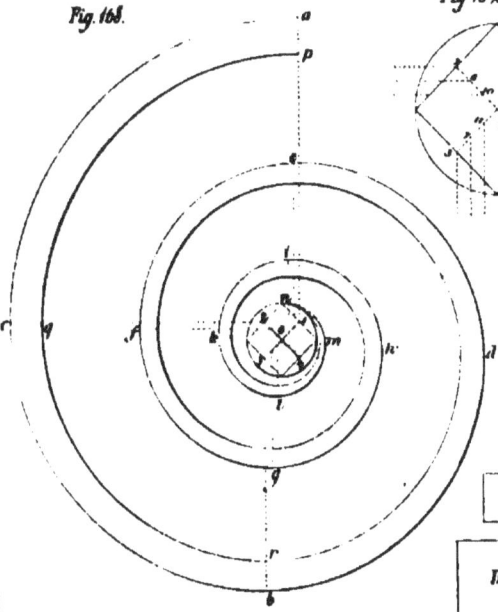

Fig. 168.

Fig. 169.

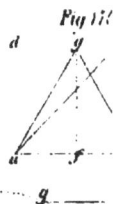

Fig. 171.

Fig. 172.

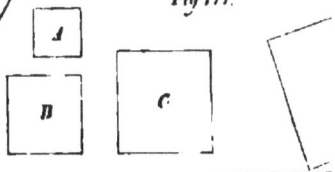

Fig. 177.

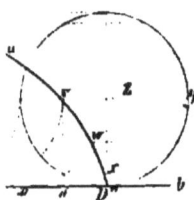

Fig 146.

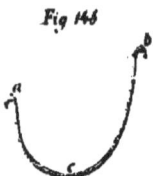

Fig 149.

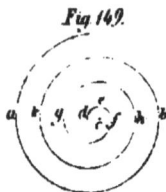

Fig 150.

Fig 156.

Fig 157.

Fig 158.

Fig 159.

Fig 164.

Fig 165.

Fig 166.

Fig 167.

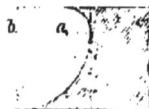

Fig 171.

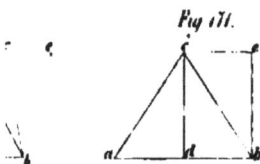

Fig 173.

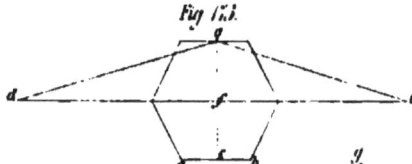

Fig 174.

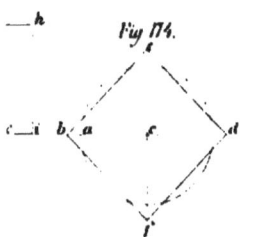

Fig 175.

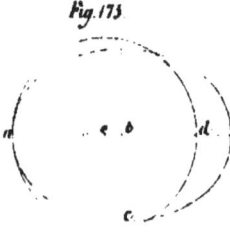

Fig 176.

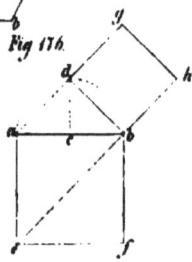

Fig 178.

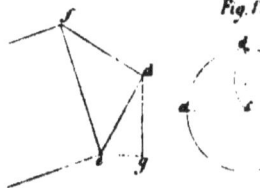

Fig 179.

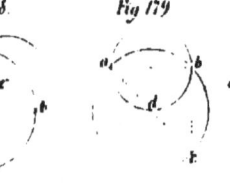

Fig 180.

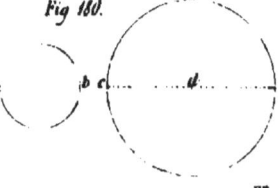

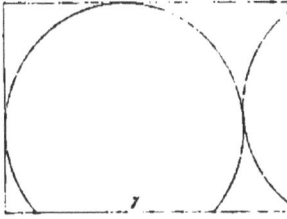

Fig. 181.

Fig. 182.

Fig. 183.

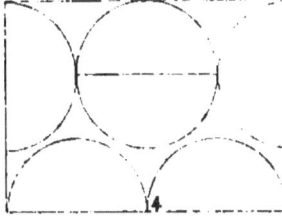

Fig. 186.

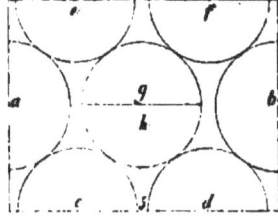

Fig. 187.

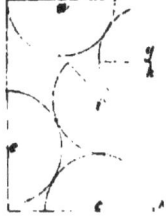

Fig. 188.

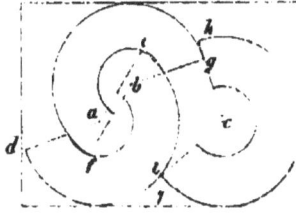

Fig. 191.

Fig. 192.

Fig. 194.

Fig. 197.

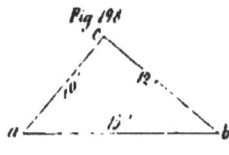

Fig. 198.

Fig. 199.

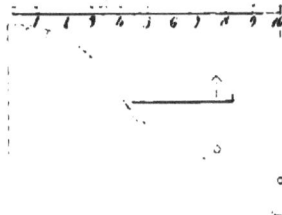

Fig. 199.

Fig. 200.

Fig. 201.

Fig. 184. Fig. 185. Fig. 185.

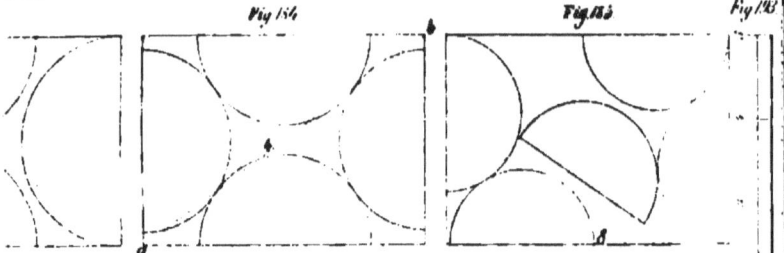

Fig. 189. Fig. 190.

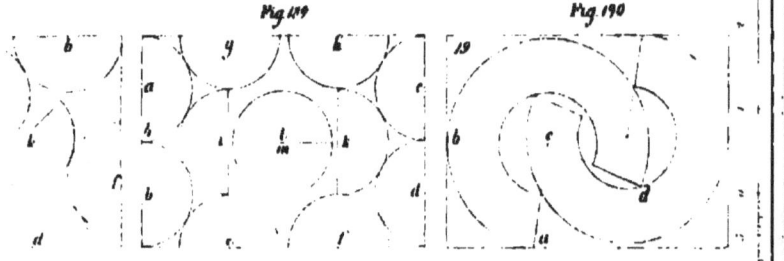

Fig. 195.

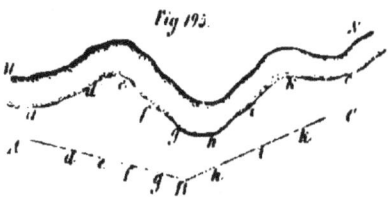

Fig. 196.

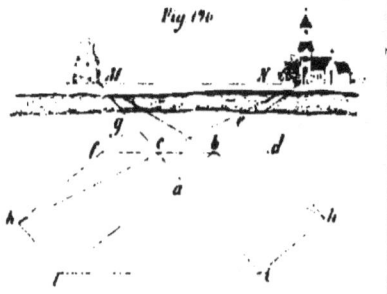

Fig. 202.

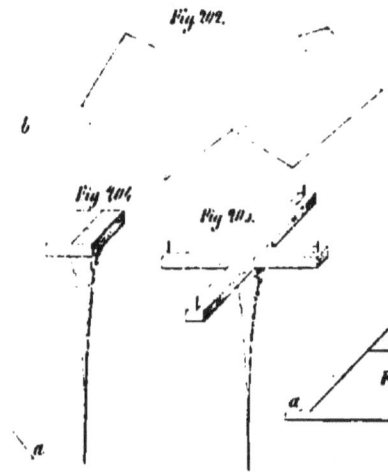

Fig. 206.

Fig. 204. Fig. 205. Fig. 203.

Fig. 207.

Fig. 208.

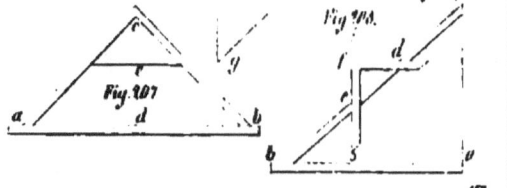

H.

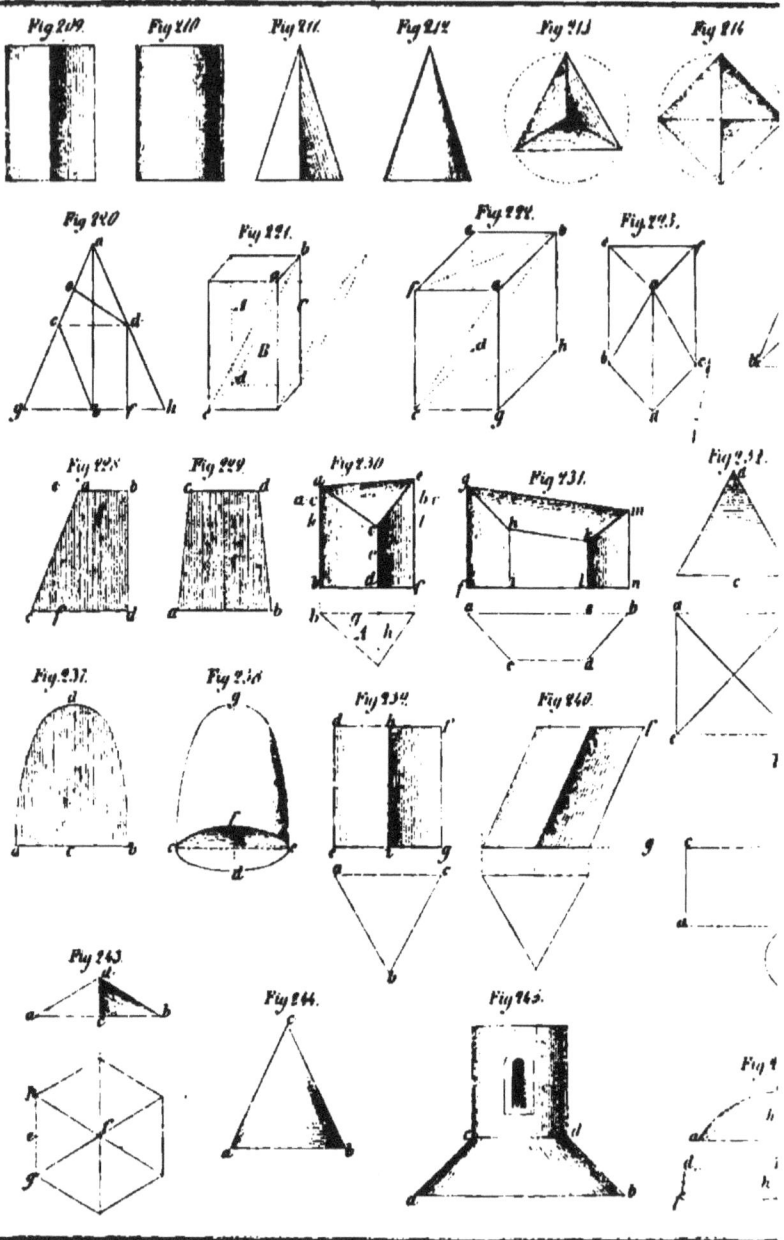

Fig 209. Fig 210. Fig 211. Fig 212. Fig 213. Fig 214.

Fig 220 Fig 221. Fig 222. Fig 223.

Fig 228 Fig 229 Fig 230 Fig 231 Fig 232.

Fig 237. Fig 236. Fig 239 Fig 240.

Fig 243 Fig 244. Fig 245. Fig

Fig. 215

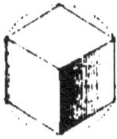
Fig 216

Fig 217

Fig 218.

Fig 219.

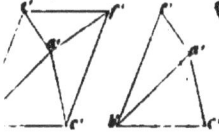
Fig 224.

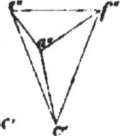
Fig 225

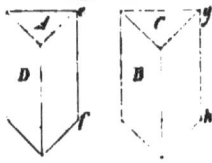
Fig 226.

Fig 227.

Fig 233.

Fig 234.

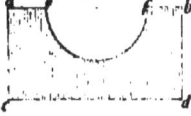
Fig 235.

Fig 236.

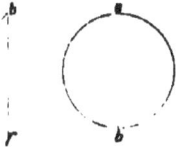

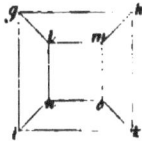

Fig 241.

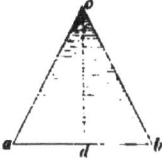
Fig 242.

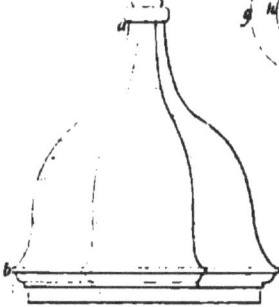
Fig 243.

Fig 249.

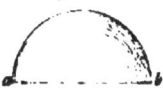
Fig 247.

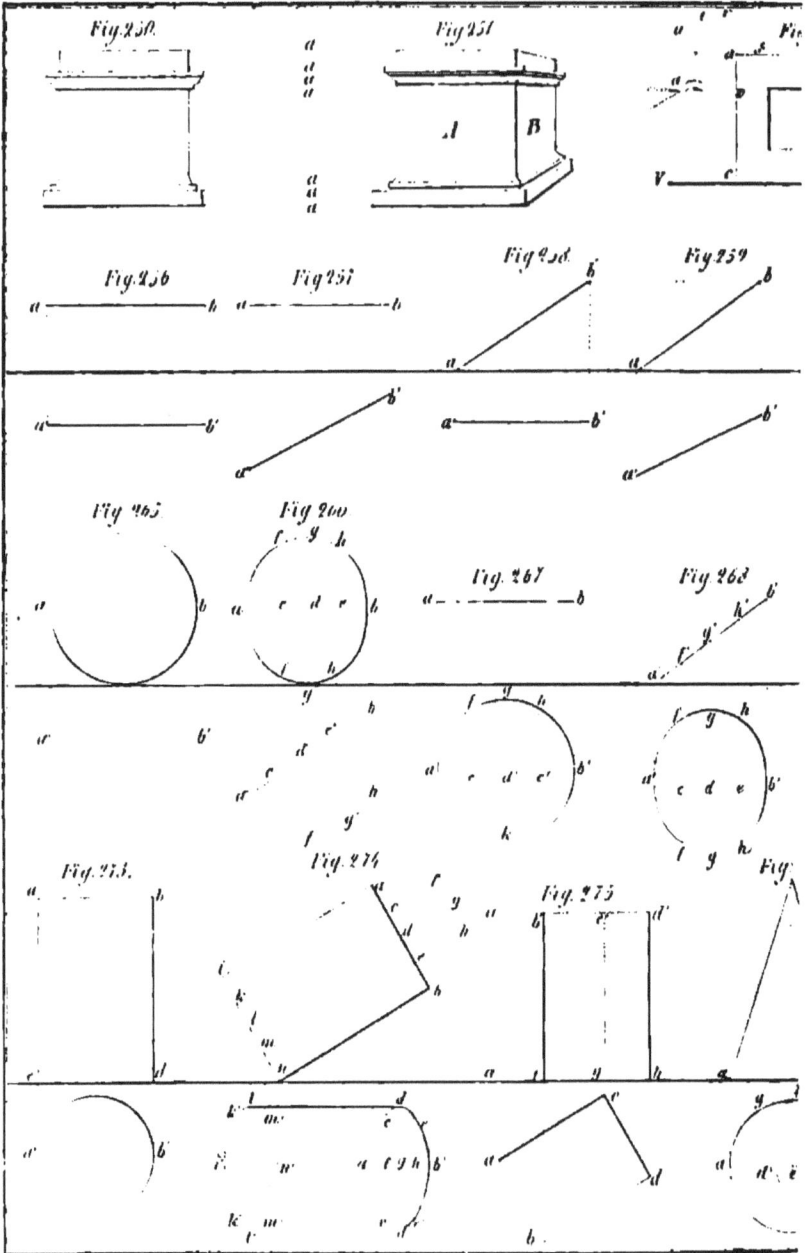

Fig. 250.

Fig. 251

a
a
a

A   B

a
a
a

u
a

V

Fig. 256

a ——————— b

Fig. 257

a — — — — b

Fig. 258

b

a

Fig. 259

b

a

a ——————— b'

b'

a

a ——————— b'

b'

a

Fig. 265

a

b

Fig. 260

f   g   h

a   c   d   e   b

f   h

Fig. 267

a — · — · — b

Fig. 268

b'

h'   b

c'   g'

a

a'

b'

c'

d'   e'

a'   c

h

f

g'

f   g   h

a'   c   d   e'   b'

k

f   g   h

a'   c   d   e   b'

Fig. 273.

a

b

c'

d

Fig. 274

a

c

y

h

b

a

Fig. 275

b'   d'

a   f   g   h   g

b'

a'

c   d   e

a'   f g h   b'

b

a'

c'

d

a'   d'   e

b

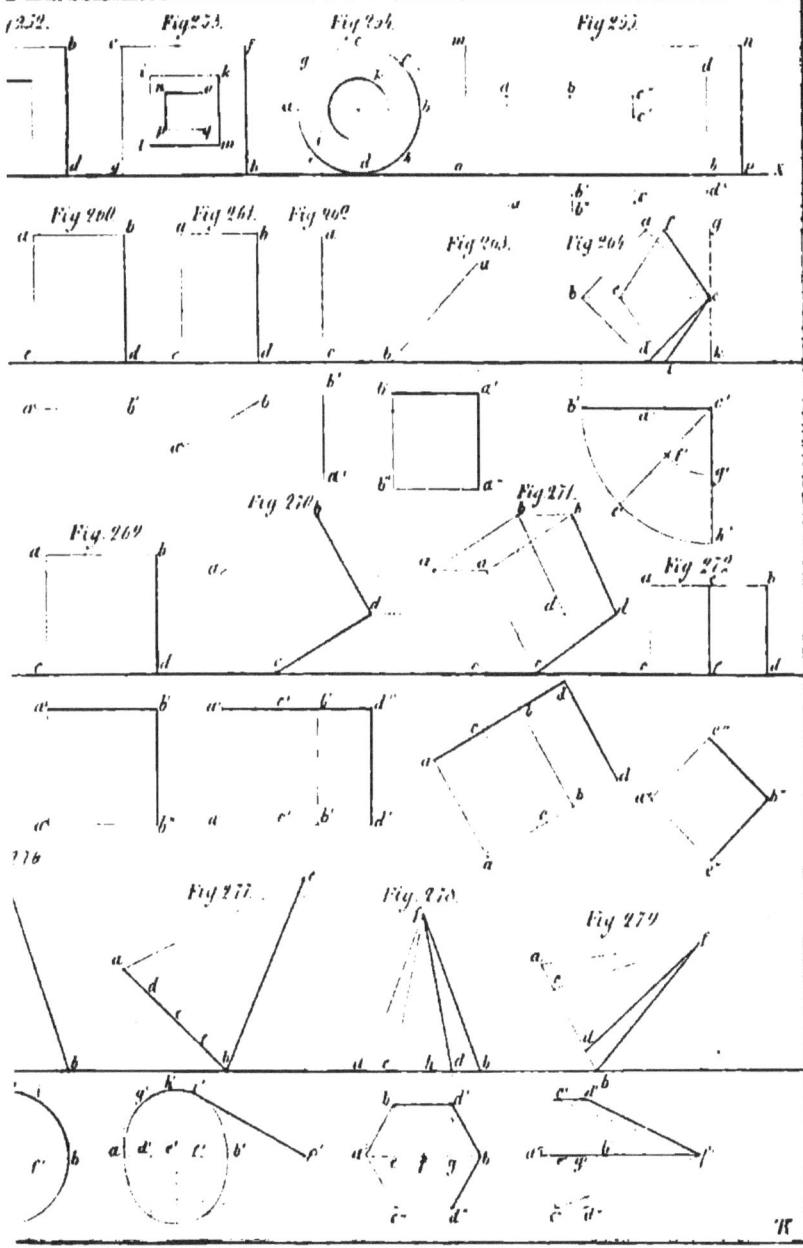

Fig.252. Fig.253. Fig.254. Fig.255.

Fig.260. Fig.261. Fig.262. Fig.263. Fig.264.

Fig.269. Fig.270. Fig.271. Fig.272.

Fig.277. Fig.278. Fig.279.

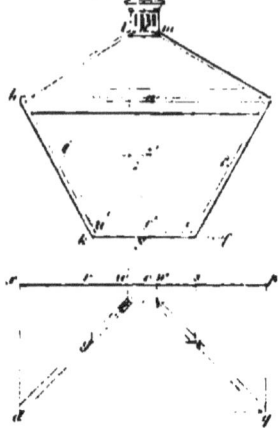

Fig. 280.

Fig. 281.

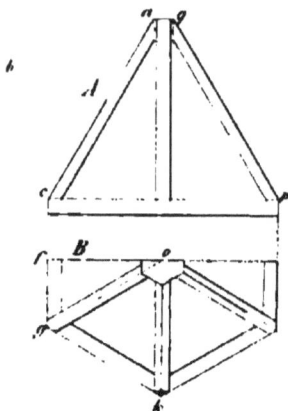

Fig. 282.

Fig. 283.

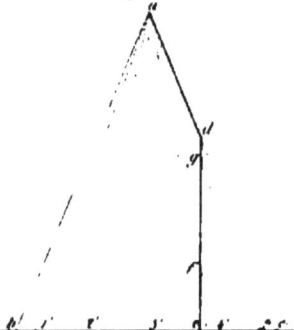

Fig. 286.

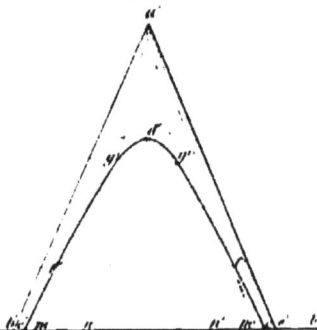

Fig.

Fig. 283.

Fig. 284.

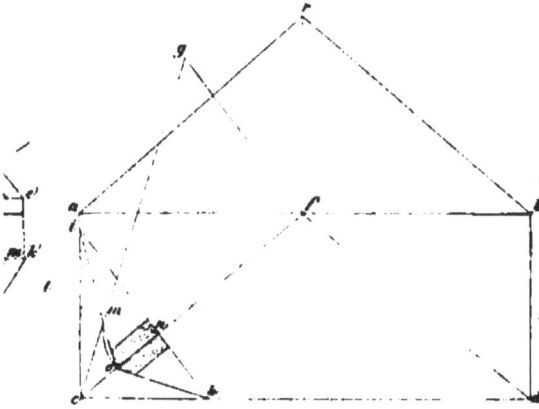

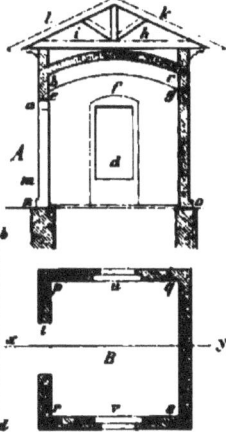

287.

Fig. 288.

Fig. 289.

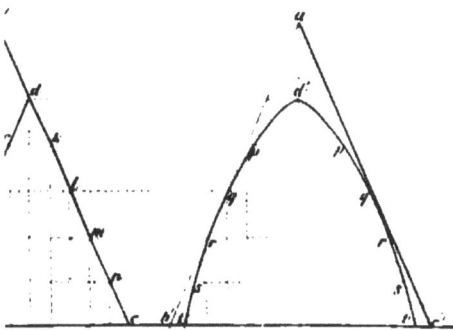

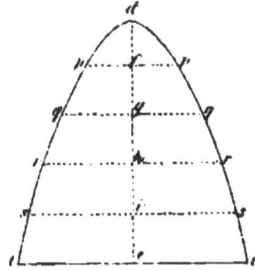

Fig. 290.

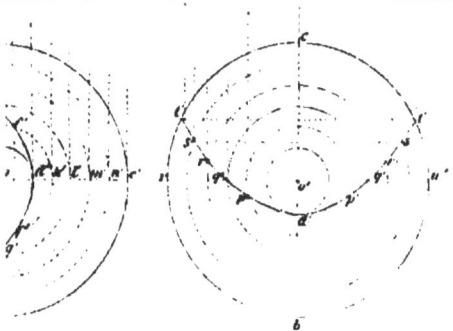

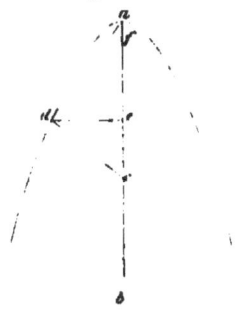

R.

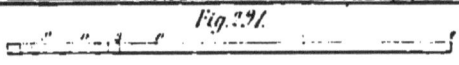

Fig. 291.

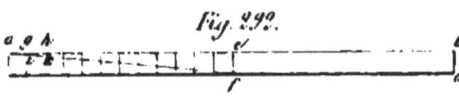

Fig. 292.

Fig. 29.

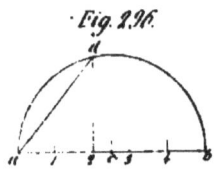

Fig. 296.

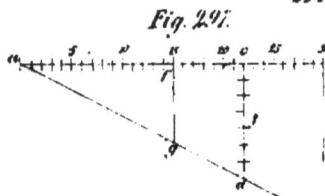

Fig. 297.

Fi.

Fig. 302.

Fig. 298.

Fig. 303.

Fig. 304.

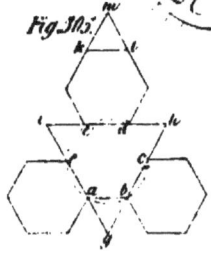

Fig. 305.

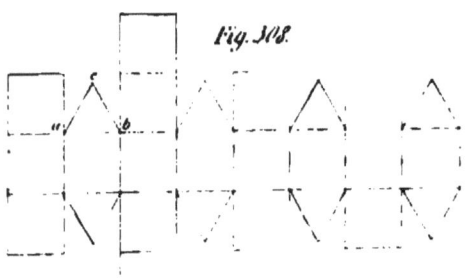

Fig. 308.

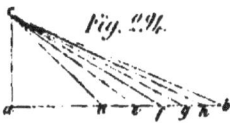

Fig. 294.

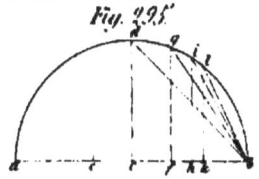

Fig. 295.

Fig. 299.

Fig. 300.

Fig. 301.

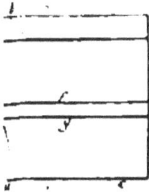

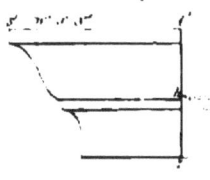

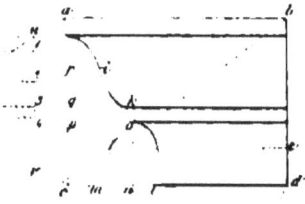

Fig. 306.

Fig. 307.

Fig. 309.

Fig. 310.

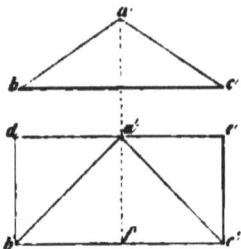

Fig. 311.

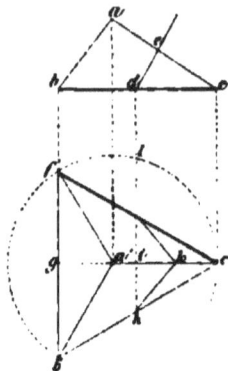

Fig. 313.

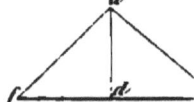

Fig. 314.

Fig. 316.

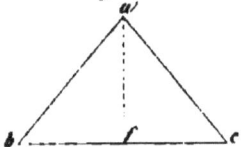

Fig. 312.

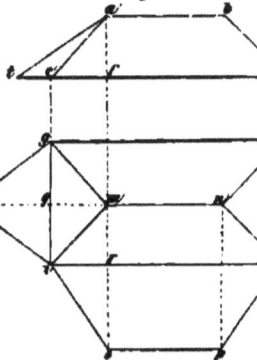

Fig. 319.

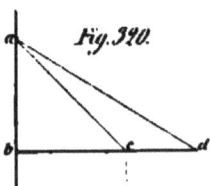

Fig. 320.

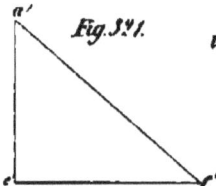

Fig. 321.

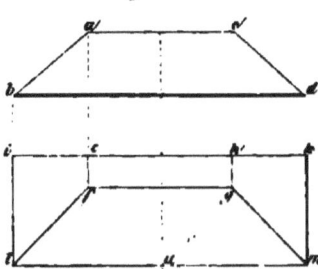

Fig. 323.

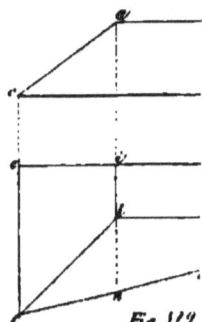

Fig. 325.

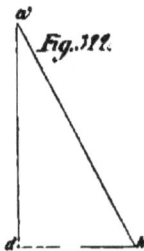

Fig. 322.

Fig. 324.

Fig. 326.

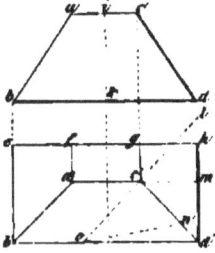

Fig. 315.

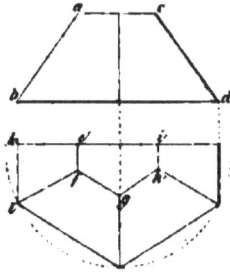

Fig. 317.

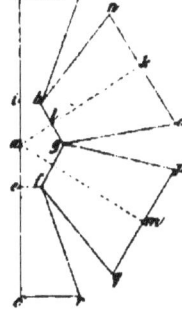

Fig. 318.

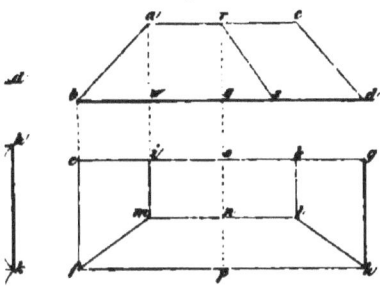

Fig. 325.

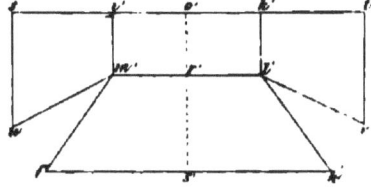

Fig. 326.

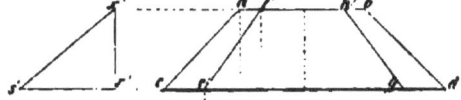

Fig. 331.

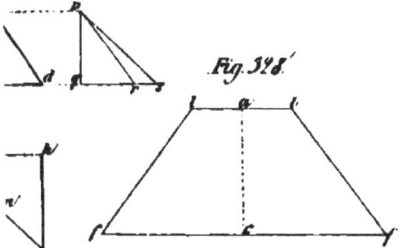

Fig. 328.

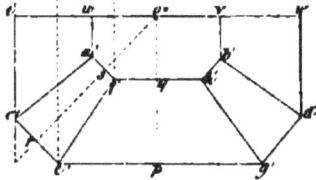

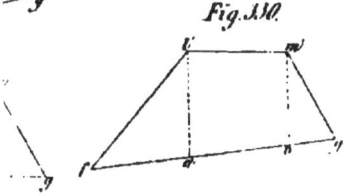

Fig. 330.

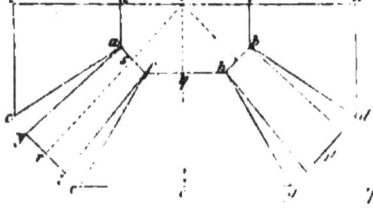

Fig. 332.

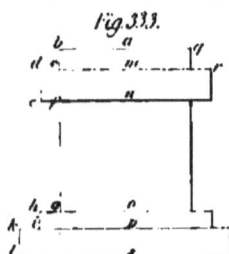

Fig. 333.

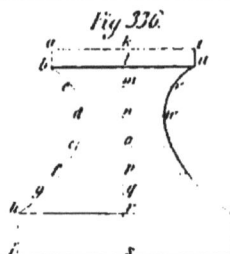

Fig. 336.

Fig. 3

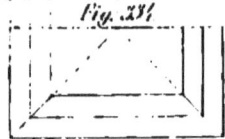

Fig. 334.

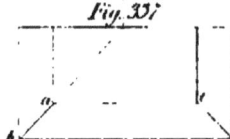

Fig. 337.

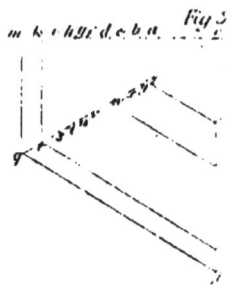

Fig. 3

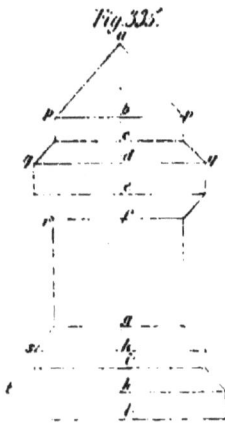

Fig. 335.

Fig. 338.

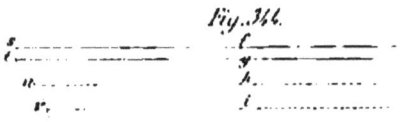

Fig. 340.

Fig. 341.

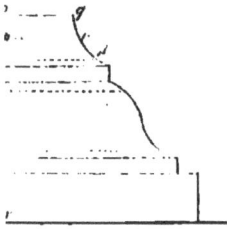

339.

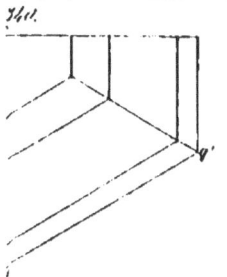

340.

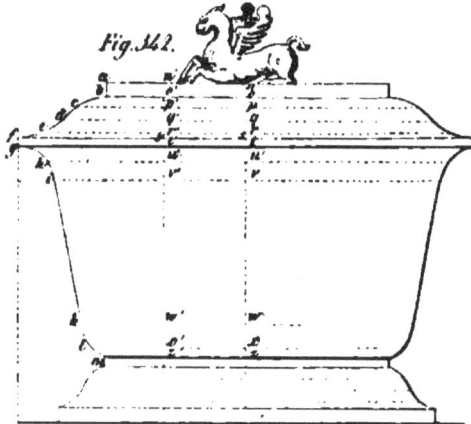

Fig. 342.

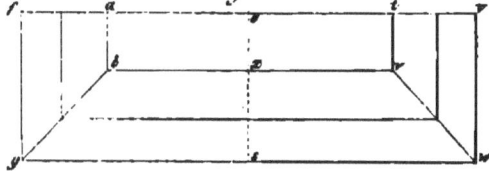

Fig. 343.

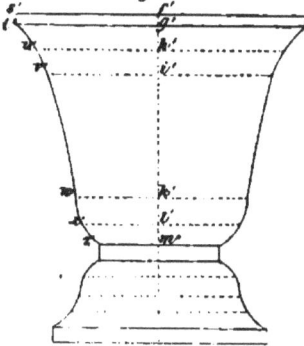

Fig. 345.

Fig. 346.

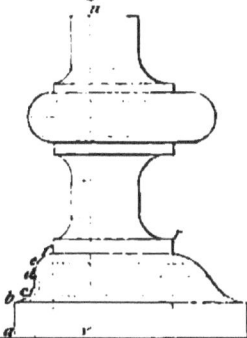

Fig. 347.

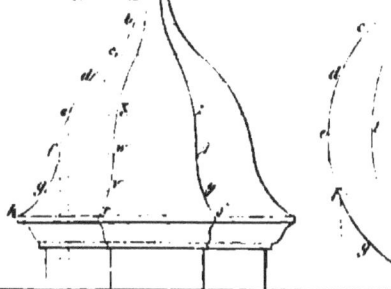

Fig. 351.

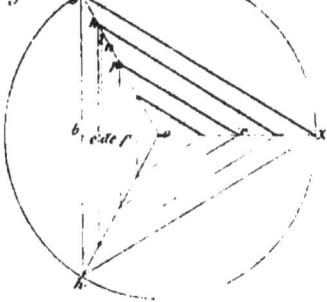

Fig. 348.

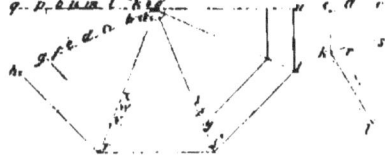

Fig. 352.

Fig. 353.

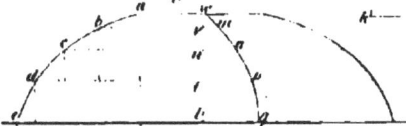

Fig. 350.

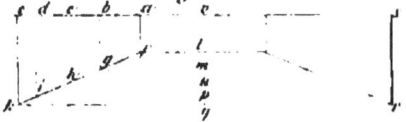

Fig. 357.

Fig. 354.

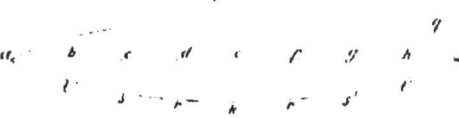

Fig. 355.

Fig. 353.

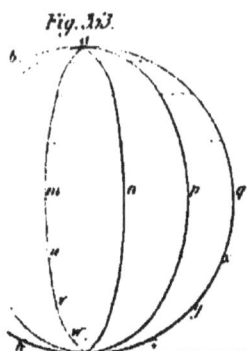

Fig. 362.

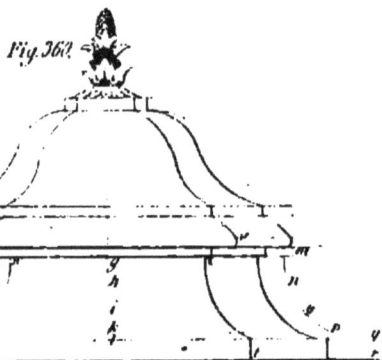

Fig. 354.

Fig. 361.

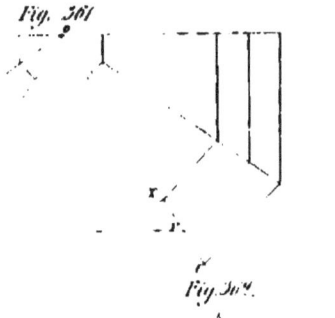

Fig. 355.

Fig. 363.

Fig. 364.

Fig. 364.

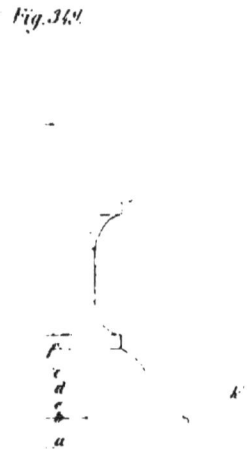

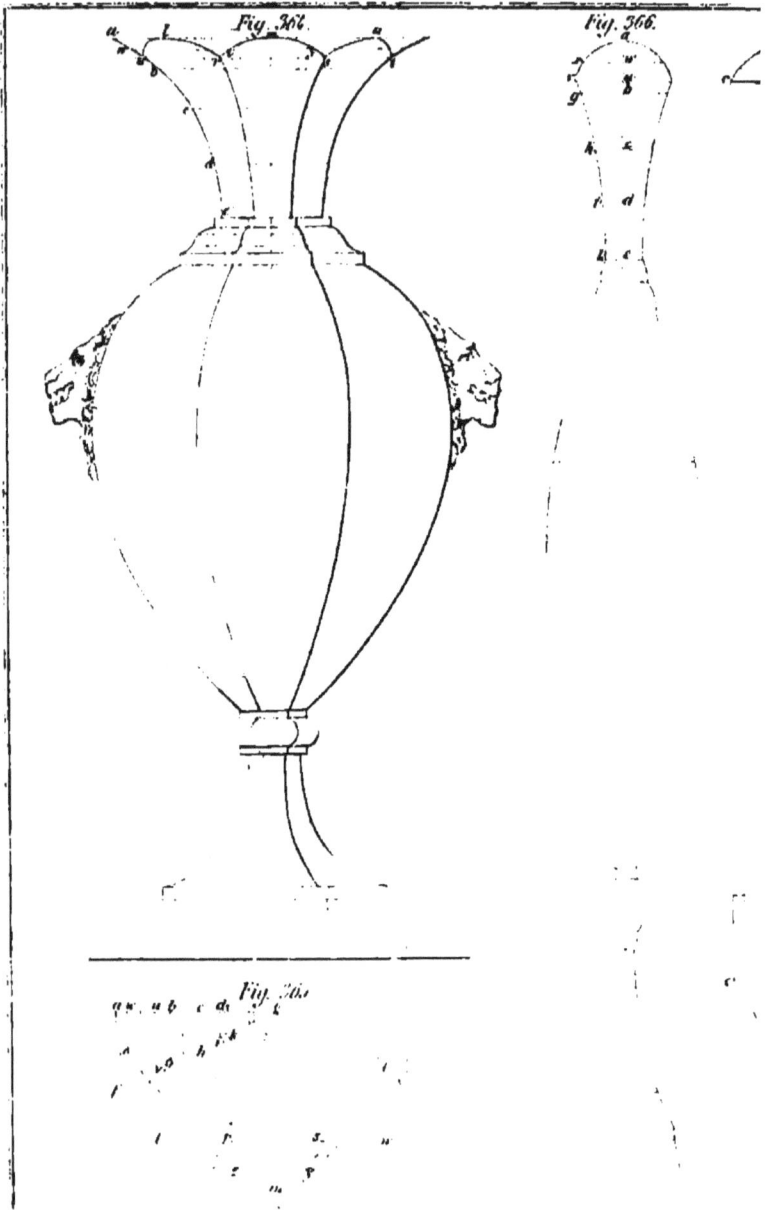

Fig. 365.

Fig. 366.

Fig. 364.

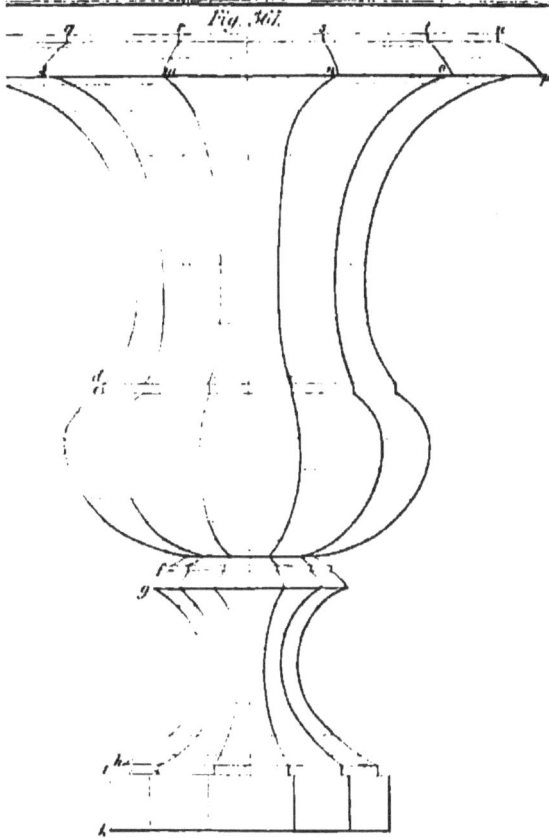

Fig. 367.

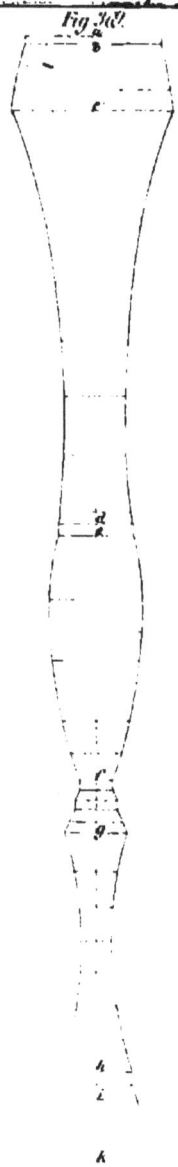

Fig. 369.

Fig. 368.

K.

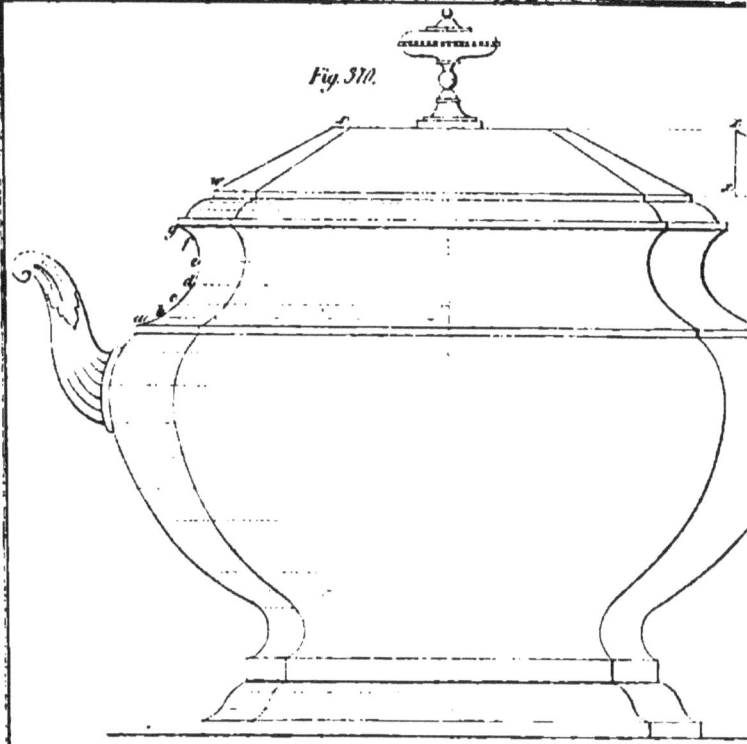

Fig. 310.

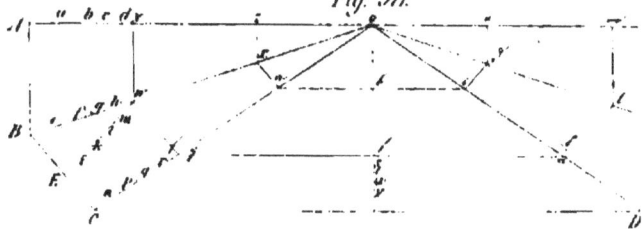

Fig. 311.

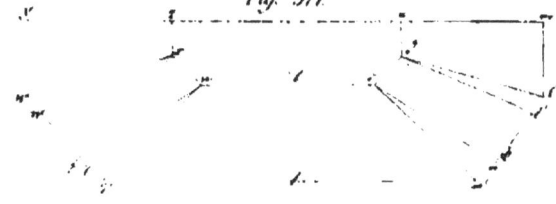

Fig. 312.

Fig. 372.

Fig. 373.

Fig. 374.

Fig. 375.

Fig. 378.

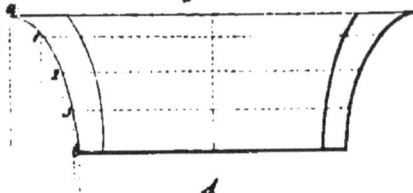

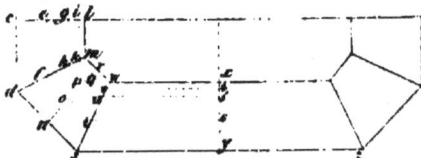

Fig. 376.

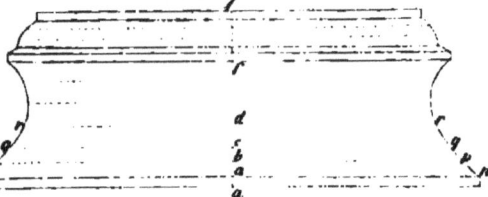

Fig. 377.

Fig. 379.

Fig. 380.

Fig. 381.

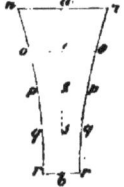

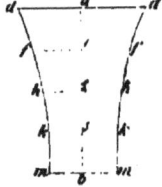

H.

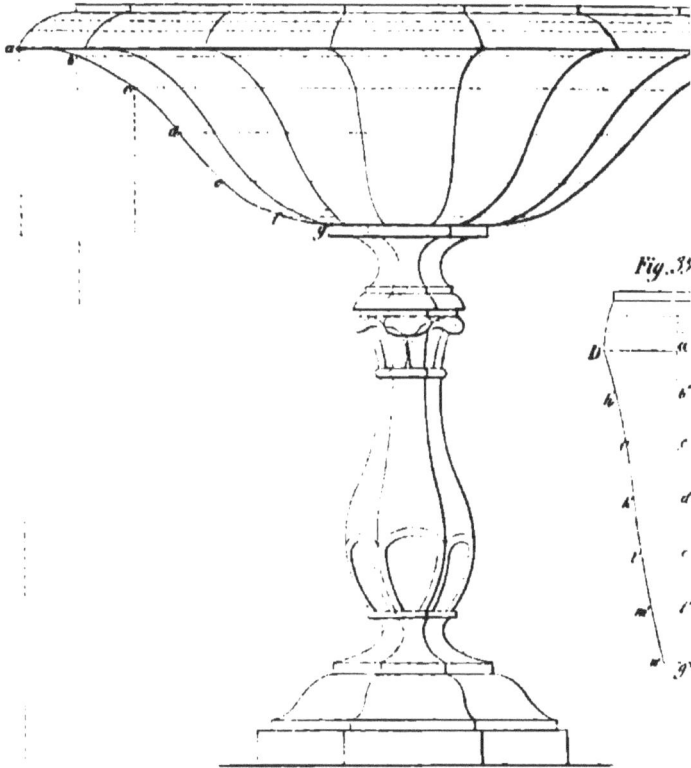

Fig. 382.

Fig. 383.

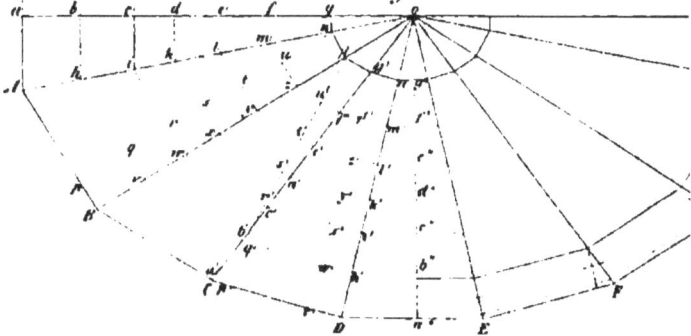

Fig. 384.

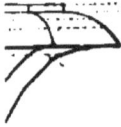

Fig. 384.

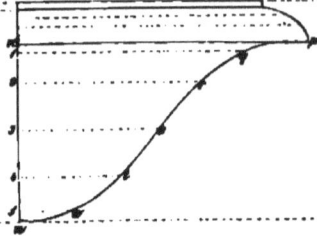

Fig. 385.

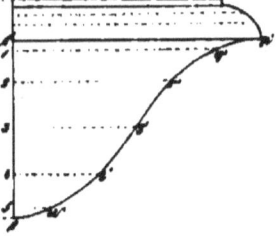

Fig. 386.

Fig. 387.

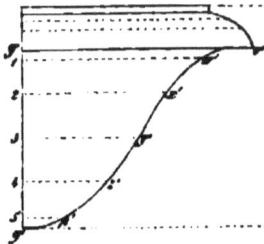

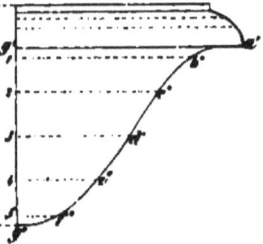

Fig. 388. Fig. 389. Fig. 390. Fig. 391.

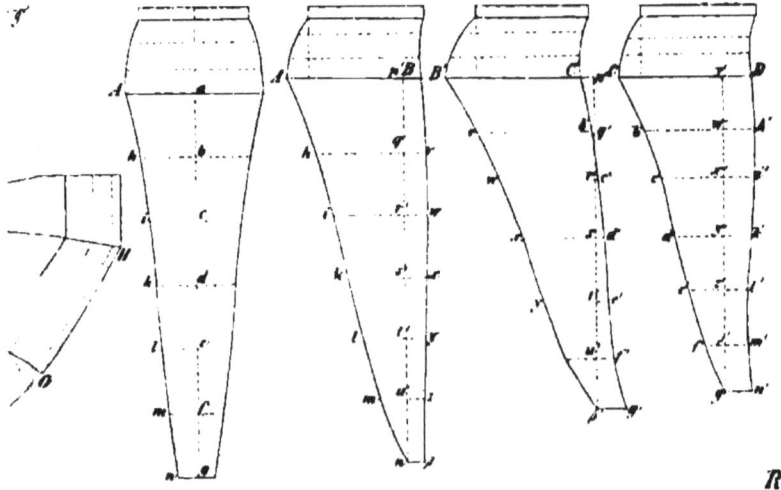

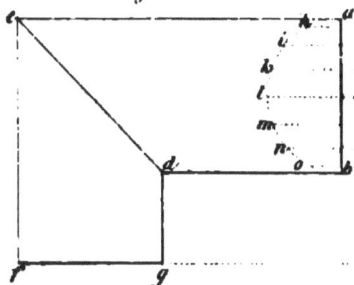

Fig. 193.

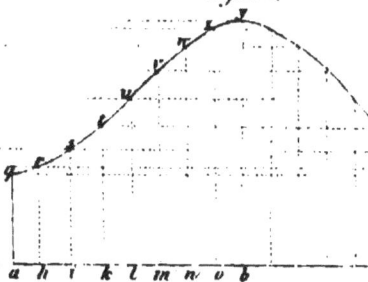

Fig. 194.

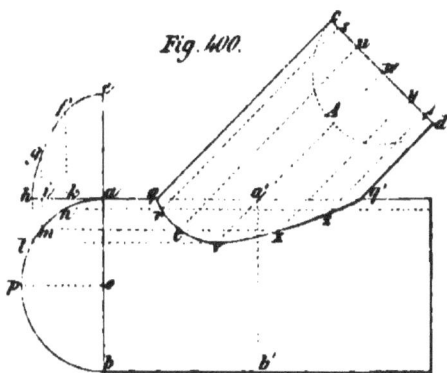

Fig. 400.

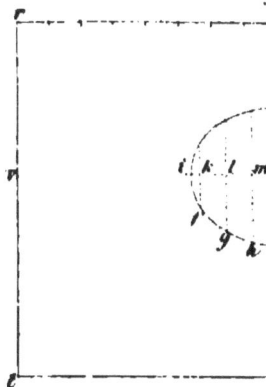

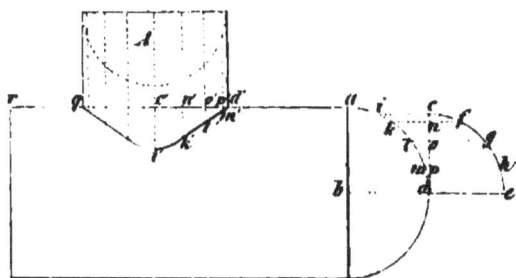

Fig. 197.

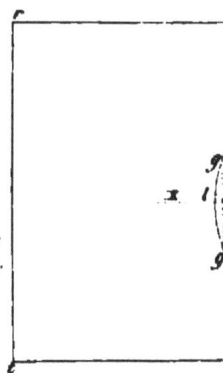

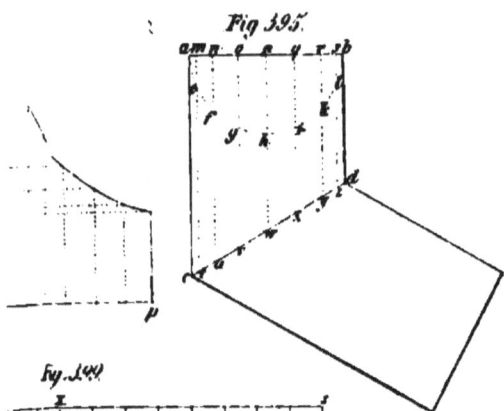

Fig. 395.

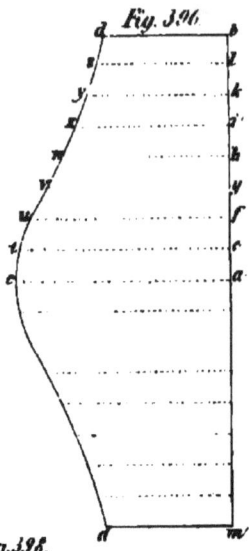

Fig. 396.

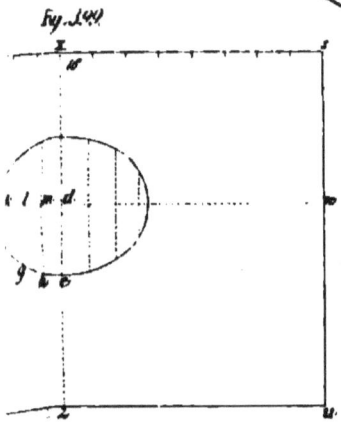

Fig. 449.

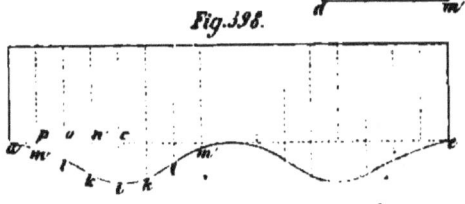

Fig. 398.

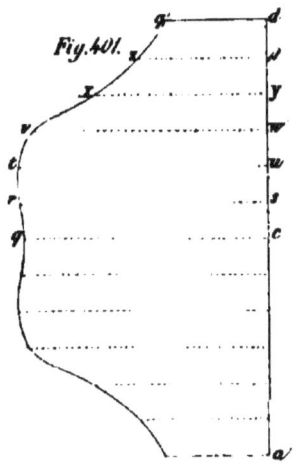

Fig. 401.

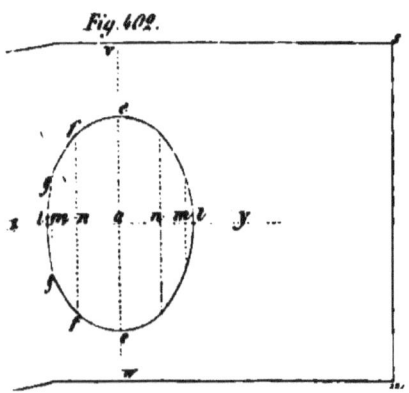

Fig. 402.

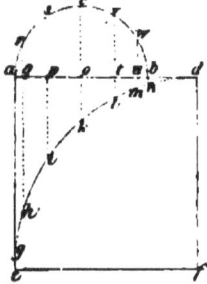

Fig. 403.

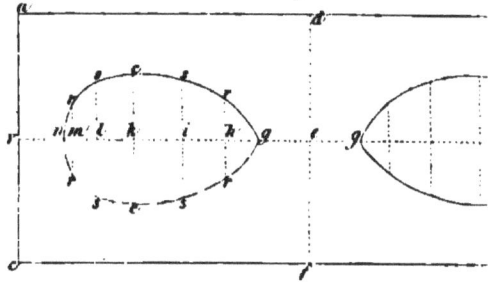

Fig. 404.

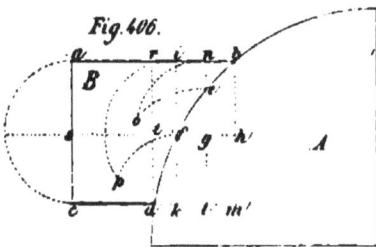

Fig. 406.

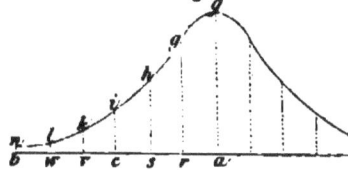

Fig. 405.

Fig. 407.

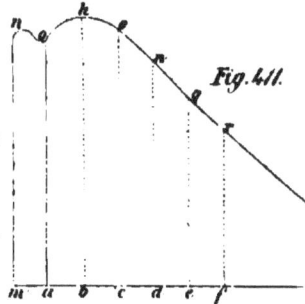

Fig. 411.

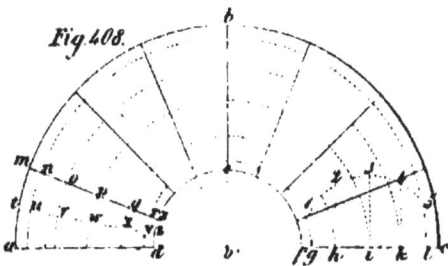

Fig. 408.

Fig. 409.

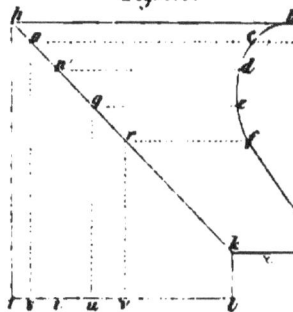

Fig. 410.

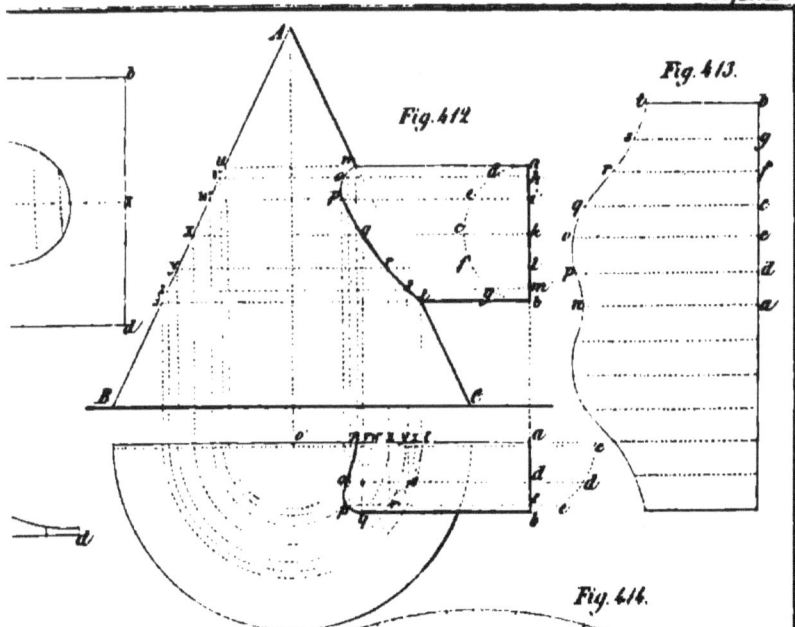

Fig. 412.

Fig. 413.

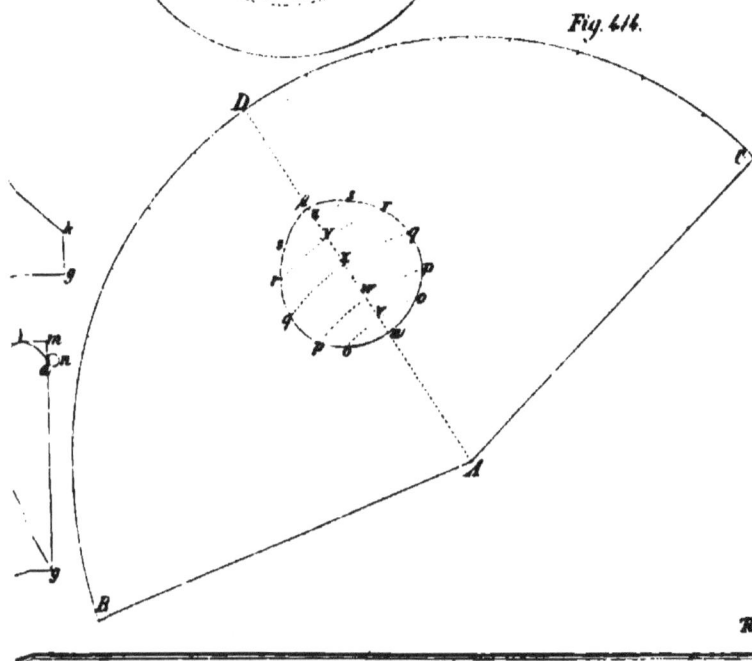

Fig. 414.

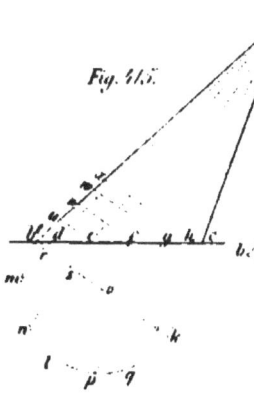

Fig. 415.

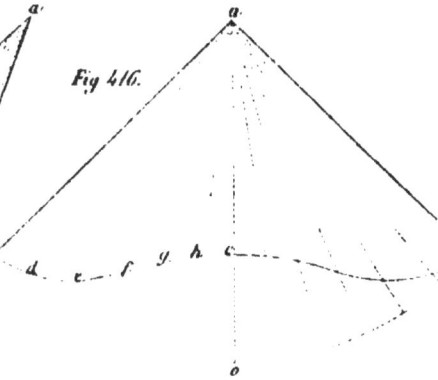

Fig 416.

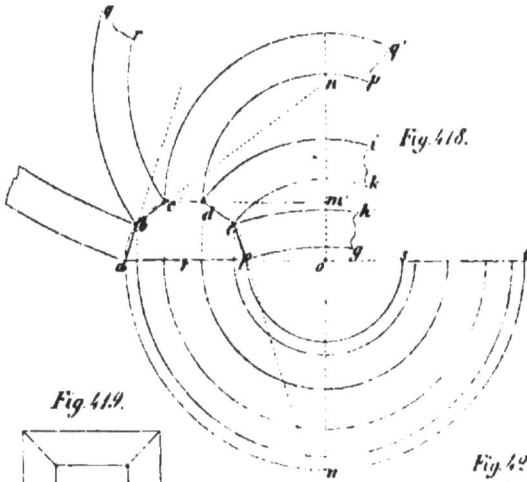

Fig. 418.

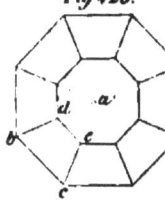

Fig 423.

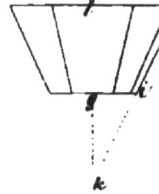

Fig. 422.

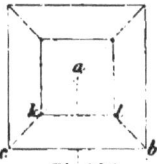

Fig. 419.

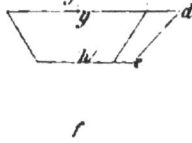

Fig 420.

Fig. 421.

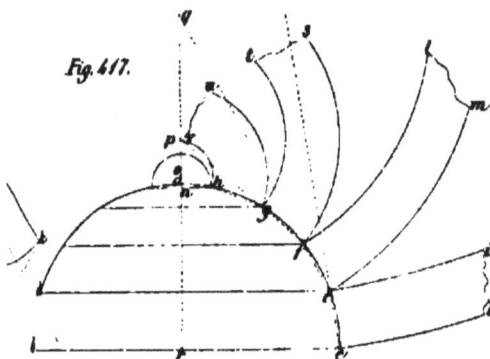

Fig. 417.

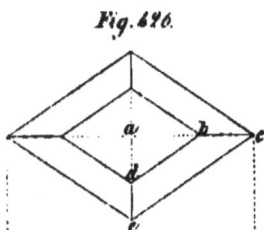

Fig. 426.

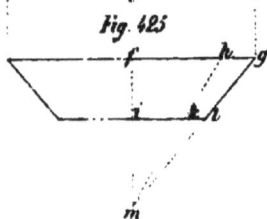

Fig. 425

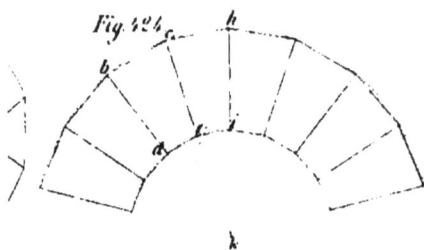

Fig. 424.

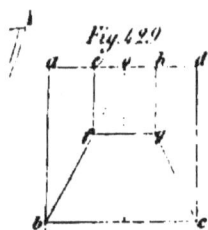

Fig. 429.

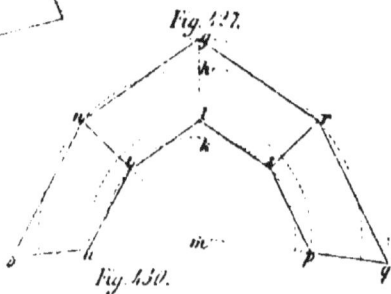

Fig. 427.

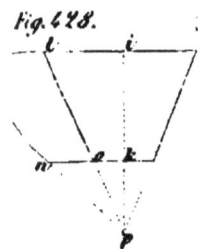

Fig. 428.

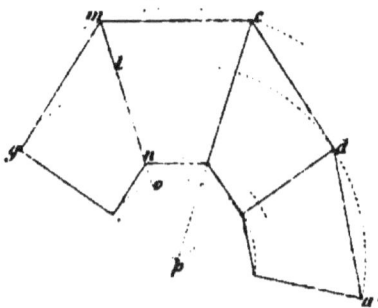

Fig. 430.

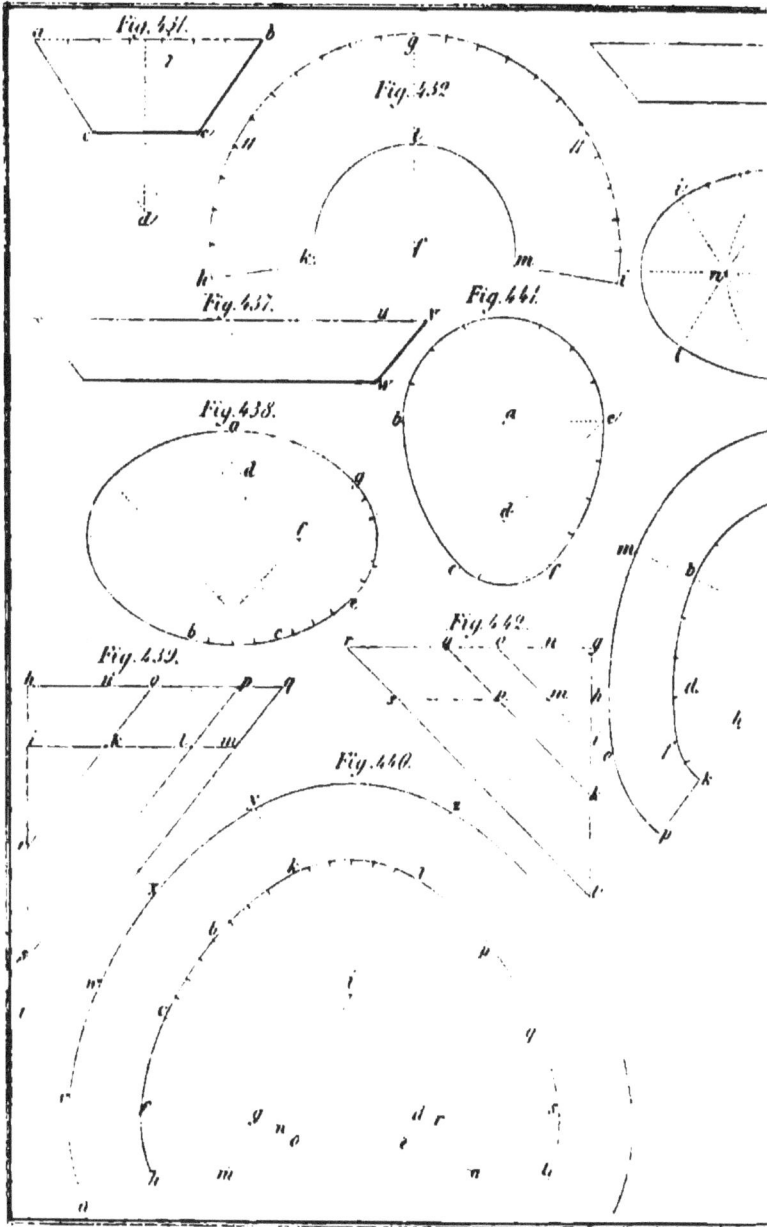

Fig. 431.

Fig. 432.

Fig. 437.

Fig. 441.

Fig. 438.

Fig. 442.

Fig. 439.

Fig. 440.

Fig 433

Fig. 434.

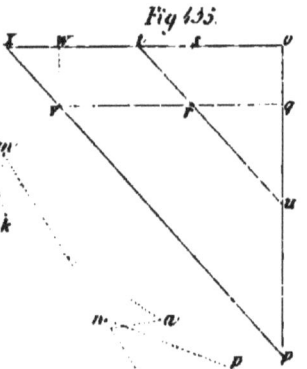

Fig 435.

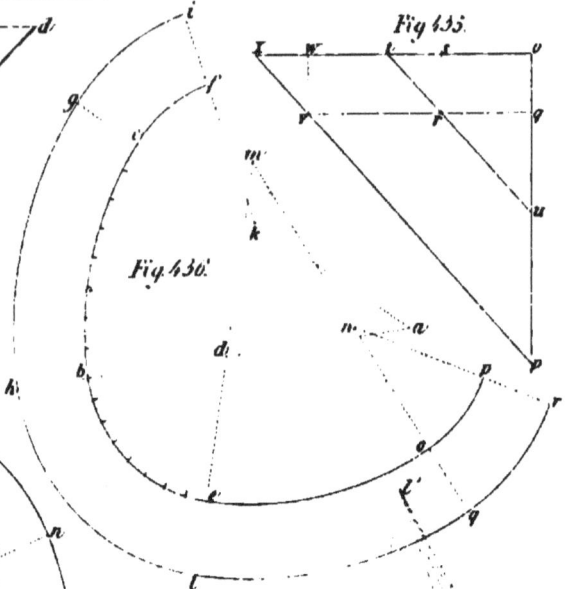

Fig. 430.

Fig. 443.

Fig 445

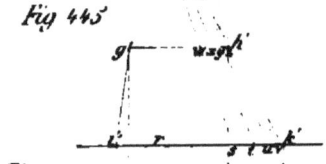

Fig. 444.

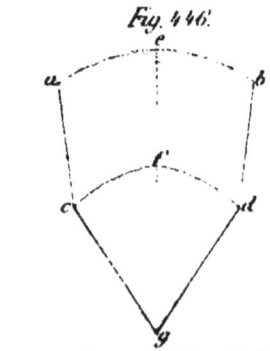

Fig. 446.

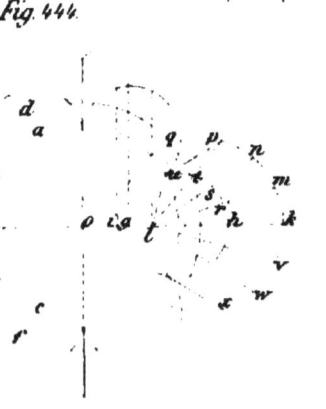

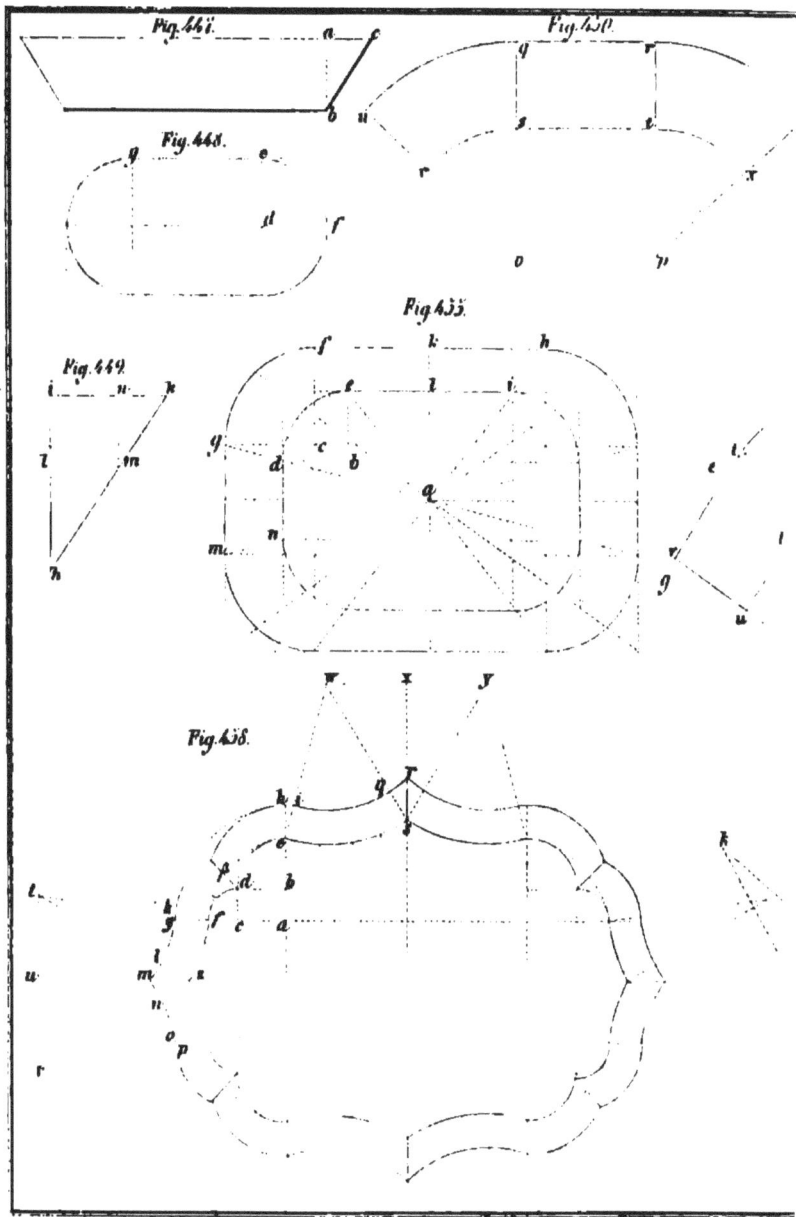

Fig. 447.

Fig. 450.

Fig. 448.

Fig. 449.

Fig. 455.

Fig. 456.

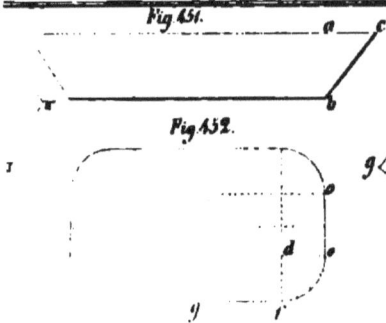

Fig. 451.

Fig. 452.

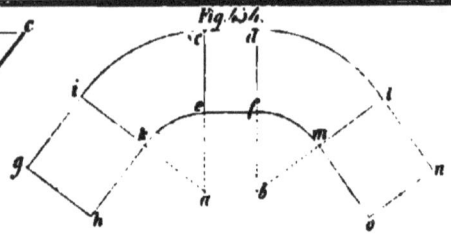

Fig. 454.

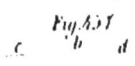

Fig. 453.

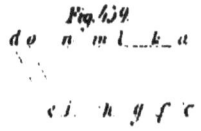

Fig. 454.

Fig. 455.

Fig. 456.

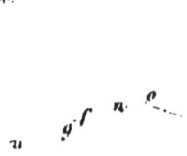

Fig. 460.

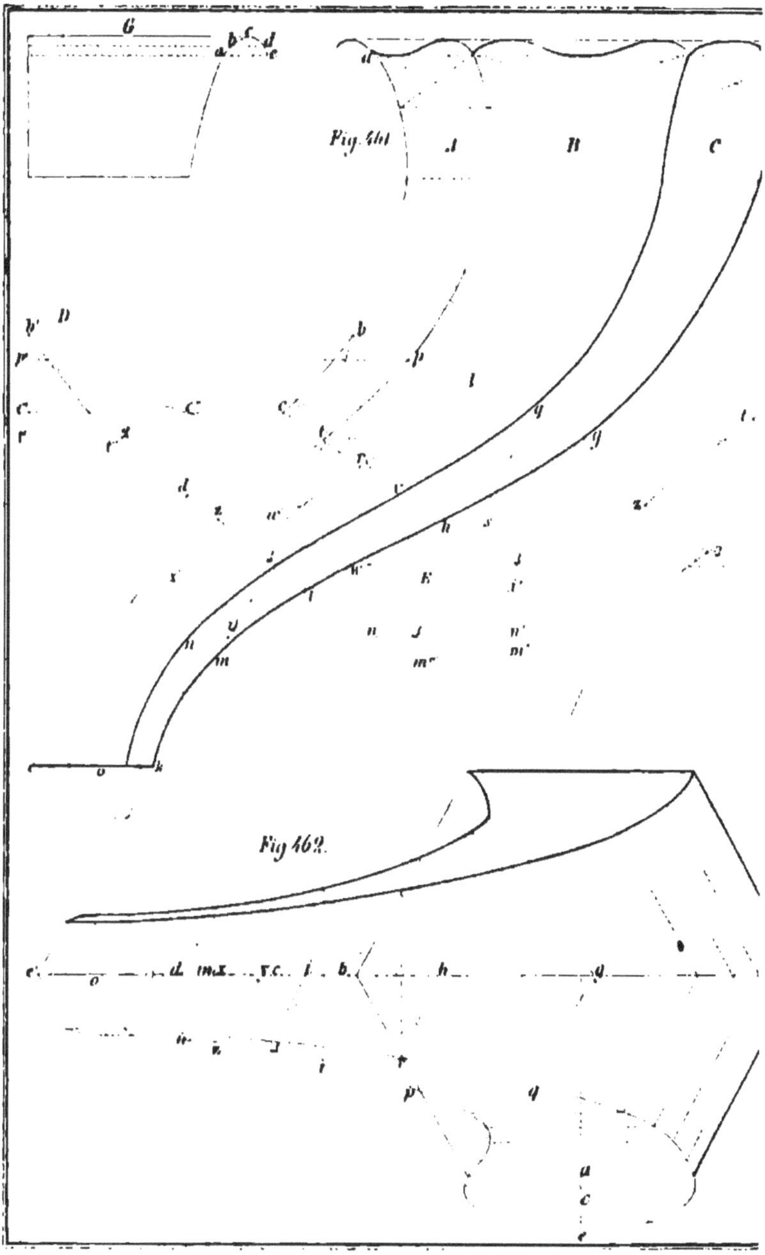

Fig. 461.

Fig 462.

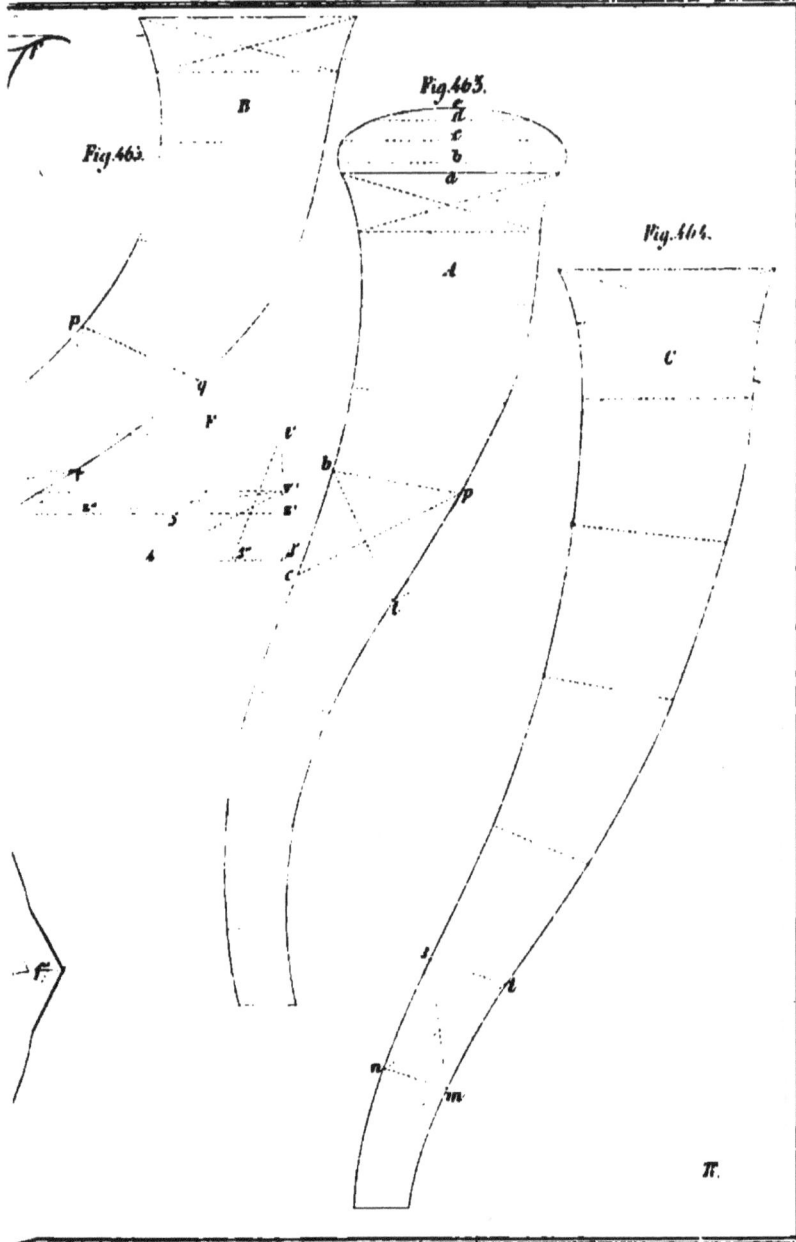

Fig.463.
c
d
e
b
a

Fig.462.

Fig.464.

B

A

C

p

q

v

v'

b

p

z'

v'

s

z'

c

4

s'

s'

t

f.

s

t

n

m

π.

www.ingramcontent.com/pod-product-compliance
Lightning Source LLC
Chambersburg PA
CBHW021954190326
41519CB00009B/1258